THEATERBIBLIOTHEK

SATELLITEN AM NACHTHIMMEL ist eine phantastische Reise, die von der Weltwahrnehmung des Mädchens Joni erzählt. Denn Joni ist anders. Sie hat ein schwarzes Loch in ihrem Bauch entdeckt, das alles verschlingt, was ihm zu nahe kommt. Und zugleich lebt in diesem schwarzen Loch Jonis Universum, in dem alles möglich ist. Bloß, Jonis Eltern verstehen ihre Tochter einfach nicht: Ein berührendes Stück über die misslingende Kommunikation zwischen Eltern und Kindern und über gegenseitige Entfremdung.

RUNTER AUF NULL beschreibt das Lebensgefühl von Jugendlichen, die auf der Suche nach ihrem Platz im Leben Risiken eingehen und Grenzen austesten. In zehn Szenen, die in einem Countdown auf den großen Knall zusteuern, geht es um die entscheidenden Fragen nach wahrhaften Gefühlen und den Konsequenzen des eigenen Handelns. Spannend bis zur letzten Sekunde.

Kristofer Blindheim Grønskag

Satelliten am Nachthimmel

Runter auf Null

Aus dem Norwegischen von Nelly Winterhalder

Mit Zeichnungen von Max Julian Otto

DER **VERLAG DER** AUTOREN
GEHÖRT DEN **AUTORINNEN**
UND **AUTOREN** DES VERLAGS

Originaltitel: *Satellitter på himmelen / Å telle til null*

Die Übersetzung entstand im Rahmen von *Transfer – Werkstatt Kinder- und Jugendtheater in Übersetzung.*

Dieses Buch erscheint in einem unabhängigen Verlag.

Bibliografische Information der Deutschen Nationalbibliothek
Die Deutsche Nationalbibliothek verzeichnet diese Publikation in der Deutschen Nationalbibliografie; detaillierte bibliografische Daten sind im Internet unter http://dnb.de abrufbar.

1. Auflage 2023

Verlag der Autoren GmbH & Co. KG
Taunusstraße 19, 60329 Frankfurt am Main
Telefon: 069 23 85 74-20, Fax: 069 24 27 76 44
E-Mail: theater@verlagderautoren.de
www.verlagderautoren.de

Satz: Maintypo, Reutlingen
Umschlag: Bayerl + Ost, Frankfurt am Main
Druck: Beltz Grafische Betriebe GmbH, Bad Langensalza

Printed in Germany
ISBN 978-3-88661-403-5

Inhalt

Satelliten am Nachthimmel 7

Runter auf Null 89

Satelliten am Nachthimmel

PERSONEN

JONI/LASERSTRAHL-MONDSCHEIN
MEIN KLEINER BRUDER
MEIN VATER/MEIN WELTRAUM-VATER
MEINE MUTTER/MEINE WELTRAUM-MUTTER/
DIE KROKODILMUTTER
IHRE GÄSTE
44 ELEFANTEN IM WELTRAUM
DIE WELTRAUM-HISTORIKER
DIE WELTRAUM-KÖNIGIN
DIE SCHILDKRÖTE
DAS KANINCHEN
DIE KATZEN
DIE FRUCHTFLIEGEN
DIE QUALLEN
DIE HUNDE
DIE BAKTERIEN
DIE RATTE
DIE ALGEN
DIE MAUS
DER BAUMEISTER
MEIN SCHLECHTES GEWISSEN
EIN COMPUTER

Dieses Stück entstand im Rahmen des internationalen Programms *European Writers Lab*.

ÜBER DAS STÜCK

Die Authentizität des Kindes entsteht aus den Worten und Situationen und sollte nicht zusätzlich erzeugt werden. Freude ist Freude und Trauer ist Trauer, unabhängig vom Alter.

Joni sollte auf keinen Fall gespielt werden, als ob sie anders wäre. Wenn überhaupt, so ist es unsere Welt, die sich zu einer unerträglichen Freakshow entwickelt hat.
Joni soll ehrlich und ernst gespielt werden.

Es sollte Raum für Luft und Humor gelassen werden.

Und zuletzt: Ich glaube, dies sind nicht nur nackte Worte. Ich denke, sie sollten in ein Universum eingebettet werden.

»I am the Starhammer
I never judge, but I always keep the score
I am outside
I watch, I save and I store
The believers as they bend and kneel
Their backs broken cruelly upon the wheel
Forevermore

Watch me!«

– *Motorpsycho*

Szene 0
bevor alles beginnt

Wir sehen den dunklen Nachthimmel.
Die weißen Sterne, die funkeln,
so wie
(wenn man ehrlich ist)
eigentlich nur Sterne funkeln.
Wir sehen rote, blaue, grüne Gaswolken, die langsam durch Zeit und Raum treiben.
Spiralen aus kosmischem Staub.
Der gelbweiße, strahlende Mond mit seinen Kratern.
Und eine brennende Sonne, die alles sieht.

Und hinein in all das tritt Joni,
auf dem Kopf hat sie einen echten Astronautenhelm
mit Haube,
Atmungssystem,
das Blickfeld in schwarz reflektierendem Glas.
Das ganze Universum spiegelt sich im Visier.

Joni geht langsam durch den Raum.

Der einzige Laut ist das Geräusch des Atmungssystems im Helm.

Joni bleibt stehen und sieht sich um,
bevor sie langsam das Visier hochschiebt
und sagt:

Szene 1
die kürzeste Szene meines Stücks (aber doch recht wichtig)

JONI
Ich habe ein schwarzes Loch im Universum entdeckt.
Es ist hier.
In meinem Bauch.

Szene 2
die erklärt, was ich bin und wo ich wohne

JONI
In dem schwarzen Loch in meinem Bauch
lebt mein Universum.
Dort lebt der Anfang dieser Geschichte.
Dort lebt eine lange, lange Perlenkette aus Tieren.
Dort lebt mein Mund mit seinen Worten.
Dort lebt ein ganzer Himmel aus Planeten.
Und einer dieser Planeten, der dort drin lebt, ist der,
auf dem ich lebe:
Die Erde.

Und auf der Erde lebt, neben anderen Tieren, der Mensch.
Ich bin eine von ihnen,
also, von den Menschen.
Und wenn du mich jetzt ansiehst, dann ist die Wahrscheinlichkeit überwältigend groß, dass auch du ein menschliches Exemplar bist.
Herzlichen Glückwunsch dazu.

Auf der Erde gibt es Städte, und in einer dieser Städte lebt der Mensch, der ich bin.
Und in dieser Stadt lebe ich in einem Haus mit
meiner Familie.
Meine Mutter, mein Vater und mein kleiner Bruder.

Szene 3
die zeigt, was schwarze Löcher im Bauch machen

JONI
Wie kann ein Mensch auf der Erde herausfinden, ob er ein schwarzes Loch im Bauch hat?

Punkt eins: Man stellt sich außen vor eine Wohnzimmertür.

(Ein Wohnzimmer ist der Ort, an dem man die schönsten Dinge in einem Haus sammelt.)
Deswegen ist es wichtig, dass du außen davor stehst, und

Punkt zwei: die Laute dort drin belauschst.

Das sind die Laute meiner Eltern, die Gäste zu Besuch haben.
Es kommen Worte aus ihren Mündern.
Zuerst die Worte meiner Eltern

MEINE ELTERN
Kuchen?
ja, aber wie geht es euch denn?
Kaffee?
ja, das ist schon lange her!
Keks?
das ist ja schon Jaaaaaahre her
E-Zigarette?
ja, wie geht es euch denn eigentlich?

JONI
Und dann die Worte der Gäste

IHRE GÄSTE

ja, uns geht es SEHR gut
wir haben jetzt ein neues Auto
das läuft auf Strommmmmmmm
natürlich
es steht in der Doppeldoppeldoppeldoppel
doppeldoppeldoppeldoppelgarage
und neben dem Auto steht der Rasenmäher
so einer zum Draufsitzen
mit Getränkehalter
natürliiiiiiiiich

JONI

Und dann lachen sie.
Obwohl niemand etwas Lustiges gesagt hat.
Und da ist Licht in ihrem Gelächter.
Meine Eltern haben auch Licht in den Augen.
Sie lächeln mit dem ganzen Gesicht,
alles ist Lächeln und Licht und Lachen dort drinnen.

Und das ist der Moment, in dem ich

Punkt drei: den Fehler mache.

Weil ich nämlich in das Wohnzimmer hineingehe.
Und –
schwupps!
Das ganze Licht verschwindet!

Es wird aus den Lampen an der Decke und aus den Kerzen auf dem Tisch herausgesogen.
Es verschwindet mit der Unterhaltung,
zusammen mit dem Gelächter,
das Lächeln gefriert auf den Lippen und reicht nicht

mehr bis zum Rest des Gesichts.
Es ist weg.

Das machen nämlich schwarze Löcher.
Sie verschlingen alles in ihrer Nähe.
Licht
Luft
Lächeln
Lachen
Freude
Alles.
Und das ist es, was immer geschieht, wenn ich in den Raum komme. Ich verschlinge alles und presse es zusammen und zusammen und zusammen und zusammen, bis nur noch eine kompakte dunkle Kugel aus Nichts übrig ist.

Punkt vier: Sie sind sehr damit beschäftigt, ihren Kaffee zu trinken.

IHRE GÄSTE
ach, das ist doch Joni
                    ja wie groß du geworden bist
du streckst dich ganz schön
                    bald genauso groß wie deine Mutter
bald wächst du bis zu den Wolken
                    bis zum Weltraum
aber Achtung Achtung Achtung Achtuuuung
                    dünne Luft dort oben, weißt du

JONI
Es gibt keine Luft im Weltraum,
du Idiot!

Ihre Gäste lächeln nur dumm.

JONI
Ich darf natürlich nicht »Idiot« sagen.
Aber das macht nichts.

Ich könnte sagen:
»Ihr seid zweifellos die größten idiotischen Idioten, die ich je getroffen habe: Herr und Frau idiotischer Superidiot!«
Und sie würden trotzdem nur ein leeres Lächeln hinter ihren Kaffeetassen lächeln.

Szene 4
die ein einfaches Sprachexperiment zeigt

JONI
Nur mein kleiner Bruder versteht mich.
Bist du bereit?

MEIN KLEINER BRUDER
Was soll ich denn machen?

JONI
Es ist sehr einfach.
Du sollst nur vor der Kamera stehen
und dann ein Lied singen.

MEIN KLEINER BRUDER
Welches Lied?

JONI
Irgendein Lied.

MEIN KLEINER BRUDER
Warum?

JONI
Weil wir ein Experiment machen.
Ein Sprachexperiment.

MEIN KLEINER BRUDER
Warum?

JONI
Das Lieblingswort meines kleinen Bruders ist »warum«.
Weil

wir herausfinden wollen, wie du dich anhörst, und wie ich mich anhöre.

MEIN KLEINER BRUDER
Okay.

JONI
Okay, bereit?

MEIN KLEINER BRUDER
Ja.

JONI
Bitte!

Lichtwechsel.

JONI
Zuerst die Aufnahme meines kleinen Bruders.
Im Licht mit seinen Ballettbewegungen.

AUFNAHME MEINES KLEINEN BRUDERS
Schmetterling Jompa war ne Larve klein.
Drin in der Puppe, am Baum oben drein.
Dann musste er niesen, und fiel und fiel.
Die Erde dort unten, sie wird ihn besiegen.
Doch das war der Tag, an dem lernte er fliegen.

Mein kleiner Bruder verbeugt sich.

JONI
Und dann, ich.

AUFNAHME VON JONI

Joni stellt sich ins Licht.
Sie öffnet den Mund und hält ihn offen und ruhig, stilisiert.
Aus einem Lautsprecher ertönen die Laute:
Vokale und weiche Konsonanten, die ineinander übergehen
wie das Dröhnen eines entfernten Flugzeugs,
spastische Töne,
halbe Worte, die es versuchen,
aber nicht lebendig werden,
nicht hässlich,
nicht parodiert,
nicht lustig,
nicht traurig,
nur fremd.

Joni schließt langsam den Mund, und die Laute verschwinden.
Lichtwechsel zurück.

JONI
Das bin ich, ich singe »Bad Medicine« vom Rockstar Jon Bon Jovi.
Papas Lieblingsmusiker.
Nach ihm bin ich benannt.
Und was zeigt das Experiment?

MEIN KLEINER BRUDER
Dass du schön singst?

JONI
Nein.
Dass meine Worte und ihre Worte nicht dieselben Worte sind.

Szene 5
in der ich spreche und mein Vater wütend wird

JONI
Bei den meisten Menschen wohnen kleine, kleine Worte im Mund.
Worte, die auf der Zungenspitze liegen, bis du sie mit deinem Atem in die Welt hinausschießt, wie Kugeln.
Aber in meinem Mund wohnen keine Worte.
Sieh doch!

Joni streckt die Zunge heraus.

Bei mir wohnen die Worte an anderen Stellen.

Das bin ich, wenn ich mit den Worten im Boden spreche.

Joni fällt auf den Boden. Sie schwingt sich vor und zurück in einem Tanz auf dem Boden.

Das bin ich, wenn ich mit den Worten in der Wand spreche.

Joni geht zur Wand, legt ein Ohr daran und klopft vorsichtig mit den Fingern an die Wand.

Das bin ich, wenn ich mit den Worten in meinem T-Shirt spreche.

Joni zieht das T-Shirt über den Kopf wie eine umgekehrte Kapuze, so dass sie nichts sieht, und läuft schreiend direkt ins Publikum. Kurz vor dem Zusammenstoß hält sie an. Joni zieht das T-Shirt wieder nach unten.

Das bin ich, wenn ich mit den Worten in deinem Kopf spreche.

Schlägt die Zuschauer in Reichweite auf den Kopf.

Hallo. Hallo. Hallo. Hallo. Hallo.
Wer will sehen, wie ich mit den Tellern im Schrank spreche?
Ein sehr hoher Tellerstapel.

Das sind die Worte in den Tellern.
Wirft den obersten Teller auf den Boden, wo er zerbricht.

Wirklich?
Noch einer.
Interessant, Herr Teller, wirklich interessant!
Noch einer.
Ähm… Könnten Sie das noch einmal wiederholen, bitte?
Noch einer.
Aha! Sehr richtig!

Und so hört es sich an,
wenn ich mit allen Tellern spreche,
gleichzeitig.
Joni macht Anstalten, den ganzen Stapel umzuwerfen.
Wird unterbrochen, als Mein Vater hereinkommt.

MEIN VATER
Was ist denn hier los?!

JONI
Das ist ein Teller, der mit meinem Vater spricht.
Joni wirft noch einen Teller zu Boden, neben Meinem Vater.

MEIN VATER
Was in aller Welt stellst du hier an?!

JONI
Hörst du das nicht?
Ich spreche.

MEIN VATER
Sieh dir dieses Chaos hier an.

JONI
Aber hör doch!

Wirft noch einen Teller.

MEIN VATER
Nein!

Schafft es gerade noch, den Teller aufzufangen.

JONI
Doch.

Wirft noch einen.

MEIN VATER
Nein!

Schafft es, auch diesen zu fangen.

JONI
Aber jetzt werden wir ja nie wissen, wie der sich anhört!
Papa …!

MEIN VATER
Jetzt räumst du das hier auf!
Sofort!

JONI
Aber Papa …

DIE HÄSSLICHEN WORTE MEINES VATERS
Dein Bruder macht so was nie.

Joni wirft einen Teller auf den Boden, so dass er zerbricht.

DIE WÜTENDEN WORTE MEINES VATERS
Jetzt reicht es!
Du hast sofort zu gehorchen!
Ich bin es leid, dass du nie zuhören kannst!
Jetzt hörst du aber auf mich!
Hör zu, wenn ich mit dir spreche, habe ich gesagt!
Jetzt hörst du mir hier einen Moment zu!
Und so weiter!
Und so weiter!
Und so weiter!
Et cetera!
Et cetera!
Et cetera!
Und ähnliches!
Und ähnliches!
Und ähnliches!
Ausrufezeichen.
Ausrufe
zeichen
Aus
rufe
zeichen

JONI

Währenddessen.

Alle wütenden Worte meines Vaters werden aus seinem Mund und in meinen Bauch hineingesogen, und ich will nicht mehr hier sein.
Ich will weg.
Weit weg reisen.

Szene 6
die eine Explosion ist

JONI
In meinem Bauch wohnt ein großer Plan und eine kleine Explosion.
Und beide fangen mit meinem kleinen Bruder an, der auf einer selbstgebauten Rakete sitzt,
die zufällig unserer alten Seifenkiste gleicht,
nur mit Seitenraketen.

MEIN KLEINER BRUDER
Alle Systeme startklar!

JONI
Wir machen uns zum Abschuss bereit.
Joni nimmt eine Kanne Benzin und schüttet eine Benzinspur von der Rakete bis zu ihr.
Ok! Bereit?

MEIN KLEINER BRUDER
Ja!
Nein, warte kurz!
Zieht eine Schwimmbrille auf.
Okay. Bereit!

JONI
Erster Steuermann Kleiner Bruder, wohin fährst du?

MEIN KLEINER BRUDER
In die Höhe, hoch und weg.

JONI
Und warum willst du in die Höhe, hoch und weg?

MEIN KLEINER BRUDER
Warum nicht!

JONI
Und außerdem?

MEIN KLEINER BRUDER
Wir wollen etwas finden, was das Loch in deinem Bauch stopfen kann.

JONI
Ja! Bist du bereit?!

MEIN KLEINER BRUDER
Aber warum?

JONI
Häh?

MEIN KLEINER BRUDER
Warum wollen wir das machen?

JONI
Was denn?

MEIN KLEINER BRUDER
Das Loch in deinem Bauch stopfen?

JONI
Mensch! Warum immer all diese Warums die ganze Zeit?!

MEIN KLEINER BRUDER
Antworte einfach.

JONI
Weil
»so kann es nicht weitergehen.«

MEIN KLEINER BRUDER
Wie dann?

JONI
Ich werde es dir zeigen.
Bist du bereit jetzt?!
10
9
876543210

Joni zündet das Benzin an.

Aber die Rakete steigt nicht in die Nacht über uns auf.
Sie geht nur in Flammen auf.
Und das mit einem großen
Wuuf!

MEIN KLEINER BRUDER
Wuuf!

JONI
Und das Gleiche passiert mit den Kleidern vom Kleinen Bruder.
Die Hose, der Pulli, die Augenbrauen, die Haare auf dem Kopf, alles brennt.
Nur der T-Shirt-Kragen hängt noch rauchend um den Hals.
Er sieht aus wie ein nackter Priester,
und er ruft

MEIN KLEINER BRUDER
Wow!

JONI
und ich rufe
Doppel-wow!
Und von unten hören wir meine Mutter und meinen Vater, die rufen

MEINE MUTTER UND MEIN VATER
JONI!!!

MEIN KLEINER BRUDER
Bin ich in die Höhe gekommen, hoch und weg?

JONI
Nicht ganz.

MEIN KLEINER BRUDER
Vielleicht haben wir zu wenig Benzin benutzt?

JONI
Vielleicht haben wir zu viel Benzin benutzt?
Oben auf unserem Dachboden lachen zwei Münder.
Der Klang von Licht.
Der Raum wird von Licht erfüllt.
Wie ein Stern auf dem Dachboden.
Dann geht die Tür auf.
Und herein kommen die Laute meiner Eltern.

MEIN VATER
Joni!
Was machst du?

MEINE MUTTER
Kleiner Bruder! Was hat sie mit dir gemacht?

MEIN KLEINER BRUDER
Nichts. Wir haben –

MEINE MUTTER
Nein. Nimm sie nicht in Schutz!

JONI
Aber wir haben doch bloß versucht …

MEIN VATER

zu Meiner Mutter.

So kann es nicht weitergehen.

MEINE MUTTER
Nein, so kann es nicht weitergehen.

MEIN KLEINER BRUDER
Ihr versteht ja gar nichts.

MEIN VATER
Wir machen uns doch bloß Sorgen.

Meine Mutter klammert sich an Meinen Kleinen Bruder.

JONI
Der Stern ist weg.
Das schwarze Loch in meinem Bauch hat ihn verschlungen.
Zurück bleibt der Geruch von verbranntem Haar und Rauch.

Die Sprinkleranlage an der Decke geht an.
Überall Wasser.

JONI
Manchmal wird das schwarze Loch zu stark für meine Mutter.
Es wird so stark, es saugt die Farbe aus ihren Haaren heraus,
Falten in ihre Haut hinein
und Tränen aus ihrem Kopf heraus,
eine nach der anderen,
und dann ist es passiert.

Szene 7
die von Krokodilstränen handelt

DIE STIMME MEINER MUTTER
Buuhuuuhuhuhuuuu!

JONI
Es fängt immer mit einem kleinen Fleck auf dem Boden an
und ich denke
oh-oooh …
Da ist es wieder. Das Weinen.
Und wenn meine Mutter weint, dann weint sie.
Sie weint einen Tränenwasserfall,
sie laufen die Wände hinunter und tropfen von der Decke
und sie füllen es mehr und mehr,
das Wohnzimmer wird von salzigen Tränen gefüllt,
es ist ein Meer aus Trauer
dann laufe ich die Treppe hinauf und versuche, mich in meinem Zimmer zu verstecken,
aber die Tränen laufen hinterher,
sie sind so schnell!
Füllen mehr und mehr,
eine Etage, zwei Etagen, Ecken, sogar Ritzen,
bis die Tränen meiner Mutter das ganze Haus füllen.
Unsere ganze Welt sind Tränen.

Am Ende kann man nicht mehr atmen,
weil alles nur Tränen sind.

DIE STIMME MEINER MUTTER
Buhuhuhuuuuuu!
Buhuhuhuhuhuhuhuuuuu!
Buhu!

JONI
Aber meine Mutter
sie weint nicht wie ein Mensch
sie weint wie etwas Grünes
wie etwas Grünes und Großes
wie etwas Grünes und Großes und Hässliches
wie etwas Grünes und Großes und Hässliches
mit scharfen Zähnen.

MEINE KROKODILMUTTER
Buhuhuhuuuuuu!
Ach, Joni!
Buhuhuhuhuhuhuuuuu!

JONI
Sie ist eine Krokodilmutter, die Krokodilstränen weint.

MEINE KROKODILMUTTER
Buähähähuuu!

JONI
Sie will getröstet werden.
Wir gehen also auf sie zu
und sagen
                    Mama
                    meine Krokodilmama
                    warum weinst du?
                    woher kommen all diese Tränen?
wir gehen auf sie zu,
bereit, sie zu drücken,
eine Umarmung, die die letzten Tränen herausdrücken wird
und alles aufhören lässt
                    weine nicht mehr, meine Krokodilmama

sieh her
lass mich deine Tränen trocknen
und wenn wir uns nahe genug sind
dann schlägt die Krokodilmama zu

Die Krokodilmama versenkt ihre Zähne in Joni.

JONI IM MAUL DER KROKODILMAMA
Und dann beißt sie sich fest mit den großen grünen Kiefern und zieht uns mit, tief in das Tränenmeer
an einer tränenüberströmten Lampe vorbei
an einem tränenüberströmten Stuhl vorbei
an einem tränenüberströmten kleinen Bruder vorbei
und an einem tränenüberströmten Vater vorbei

KROKODILMAMAS SCHLUCHZENDE WORTE
Kannst du nicht ein bisschen für mich lächeln, Joni?
Die Mama ein bisschen trösten?
Du bist so süß, wenn du lächelst.

JONI
Ich –

KROKODILMAMAS WÜTENDE WORTE
Lächele einfach!
Okay?
Lächele einfach!

JONI
Und ich lächele.
Bis das Lächeln alle Tränen verschluckt hat.

MEIN KLEINER BRUDER
Sie ist jetzt fertig.
Du kannst aufhören zu lächeln.

Mein kleiner Bruder setzt Joni den Astronautenhelm auf.
Der gelbweiße Mond taucht am Himmel auf.

Szene 8
mit vierundvierzig Elefanten im Weltraum

Überall tauchen Elefanten auf.
Um peinlich genau zu sein, sind es vierundvierzig Elefanten.

JONI
1969 flogen die Menschen zum Mond.
Warum haben sie das getan?
Ich liebe, dass sie das getan haben,
weil es fast ganz unmöglich ist.
Aber warum?

Vielleicht wollten sie sich ein bisschen verstecken?
Vor allem?

Sie sind in einer Rakete dorthin geflogen, die Apollo 11 hieß.
Sie wog genauso viel wie vierundvierzig ausgewachsene Elefanten.
Stell dir das mal vor.
Stell dir mal vor,
dass aus meinem Bauch
der Klang von vierundvierzig Elefanten auf dem Mond kommt.

Joni versteckt sich zwischen den Elefanten.

EIN ELEFANT IM WELTRAUM
Der Klang von hundertsechsundsiebzig enormen Elefantenfüßen, die auf dem Mondhügel vor Freude trippeln.

EIN ANDERER ELEFANT IM WELTRAUM
Und der Mondsand wirbelt in achtundachtzig glückliche Elefantenaugen hinein.

EIN DRITTER ELEFANT IM WELTRAUM
Die Elefantenaugen haben blanke Freudentränen in den Augenwinkeln.

EIN GANZ ANDERER ELEFANT IM WELTRAUM
Freudentränen, die der Schwerkraft trotzen und zum Himmel hinauf fliegen.

NOCH EIN GANZ ANDERER ELEFANT IM WELTRAUM
Die Freudentränen treffen die Sonne und verdampfen mit einem kleinen Freuden-pscht
pscht
pscht.

EIN GANZ EIGENARTIGER ELEFANT IM WELTRAUM
Und während die Tränen verdampfen und zu glücklichem Regen werden,
ruft ein Elefant laut durch die Mondluft,
die Worte durch den grauen Rüssel verstärkt.

EIN ELEFANT IM WELTRAUM, DER DURCH DEN RÜSSEL RUFT
Beruhigt euch! Beruhigt euch!
Liebe Elefanten im Weltraum,
endlich sind wir losgezogen.

DREIUNDVIERZIG ELEFANTEN IM WELTRAUM
Bravo!

EIN ELEFANT IM WELTRAUM, DER DURCH DEN RÜSSEL RUFT
Wir haben den Mond ganz für uns.
Das ist, mit Verlaub,
elefantastisch!

DREIUNDVIERZIG ELEFANTEN IM WELTRAUM
Hurra!

EIN ELEFANT IM WELTRAUM, DER DURCH DEN RÜSSEL RUFT
Lasst uns prüfen, ob wir alles dabeihaben.
Erdnüsse?

DER ELEFANT IM WELTRAUM MIT DEN ERDNÜSSEN
Ja!

EIN ELEFANT IM WELTRAUM, DER DURCH DEN RÜSSEL RUFT
Ich liebe Erdnüsse!
Wasser?

DER ELEFANT IM WELTRAUM MIT DEM WASSER
Ja!

EIN ELEFANT IM WELTRAUM, DER DURCH DEN RÜSSEL RUFT
Ich liebe Wasser!
Was ist mit Rinde, Gras, Büschen, Obst, Zweigen, Bäumen und Wurzeln?

DIE ELEFANTEN IM WELTRAUM MIT RINDE, GRAS, BÜSCHEN, OBST, ZWEIGEN, BÄUMEN UND WURZELN
Ja!

EIN ELEFANT IM WELTRAUM, DER DURCH DEN RÜSSEL RUFT
Ich liebe Rinde, Gras, Büsche, Obst, Zweige, Bäume und Wurzeln!
Eine perfekte Ernährung für einen Elefant.
Sehr gut, dann haben wir alles, was wir brauchen und –

DER ELEFANT IM WELTRAUM MIT DEM MÄDCHEN
Was ist mit dem Mädchen?

JONI
Pssst!

EIN ELEFANT IM WELTRAUM, DER DURCH DEN RÜSSEL RUFT
Wie bitte?

DER ELEFANT IM WELTRAUM MIT DEM MÄDCHEN
Das Mädchen …
Du hast vergessen, das Mädchen aufzurufen.

EIN ELEFANT IM WELTRAUM, DER DURCH DEN RÜSSEL RUFT
Wir werden doch wohl kein Mädchen mitnehmen!

DER ELEFANT IM WELTRAUM MIT DEM MÄDCHEN
Häh?

Zu Joni.

Aber du hast doch gesagt –

JONI
Pssst.

DER ELEFANT IM WELTRAUM MIT DEM MÄDCHEN
Du hast doch gesagt, du stehst auf der Liste!

EIN ELEFANT IM WELTRAUM, DER DURCH DEN RÜSSEL RUFT
Wer *bist* du?

JONI
Ich bin Joni.

EIN ELEFANT IM WELTRAUM, DER DURCH DEN RÜSSEL RUFT
Ein Mensch!

JONI
Nein. Bin ich nicht.
Ich bin ein Elefant, ich schwöre!

EIN ELEFANT IM WELTRAUM, DER DURCH DEN RÜSSEL RUFT
Aber du siehst nicht aus wie ein Elefant.

JONI
Doch. Sieh doch.

Joni benimmt sich wie ein Elefant.

EIN ELEFANT IM WELTRAUM, DER DURCH DEN RÜSSEL RUFT
Du hörst dich auch nicht wie ein Elefant an.

JONI
Aber ich höre mich doch auch nicht wie ein Mensch an.
Oder?

EIN ELEFANT IM WELTRAUM, DER DURCH DEN RÜSSEL RUFT
Aber du bist doch trotz allem ziemlich …
ja, ziemlich
menschenförmig.

Vierundvierzig Elefanten im Weltraum lachen.

JONI
Aber das *bin* ich nicht.
Mir fehlt etwas.
Ein Loch.

EIN BESSERWISSERISCHER ELEFANT IM WELTRAUM
Dann musst du das eben in Ordnung bringen!

JONI
In Ordnung bringen?

EIN BESSERWISSERISCHER ELEFANT IM WELTRAUM
Es abdichten.
Ganz einfach.

JONI
Aber …
Kann ich nicht einfach hier bleiben?
Bitte.

EIN ELEFANT IM WELTRAUM, DER DURCH DEN RÜSSEL RUFT
Aber sieh dich doch hier um.
In einem Weltraum voller Elefanten bist du der Elefant im Raum.
Du gehörst hier nicht hin.

JONI
Wo denn sonst?

EIN ELEFANT IM WELTRAUM, DER DURCH DEN RÜSSEL RUFT
Das wissen wir doch nicht.
Aber hier kannst du nicht leben.

JONI
Aber das könnt ihr doch auch nicht.
Ihr werdet hier sterben.

EIN KEUCHENDER ELEFANT IM WELTRAUM
Dies ist der Klang von vierundvierzig keuchenden Elefanten.

Vierundvierzig Elefantenmäuler keuchen.

EIN ELEFANT MIT TODESANGST
Werden wir?

EIN EXISTENZIALISTISCHER ELEFANT IM WELTRAUM
Ja, irgendwann meinst du, ja, natürlich.
Das werden wir alle zusammen irg-

JONI
Nein jetzt.
Genau jetzt.

EIN ELEFANT IM WELTRAUM, DER DURCH DEN RÜSSEL RUFT
Du versuchst nur, uns Angst zu machen.

JONI
Ach ja?
Wer hat denn die Luft eingepackt, hm?
Sauerstoff?
Das ist der Klang von vierundvierzig Elefanten, die ganz still werden.

Der Klang von vierundvierzig Elefanten,
die ganz still sind.
Ein verlegener Elefant räuspert sich.

JONI
Vierundvierzig Elefanten im Weltraum sehen einander verunsichert an.

EIN ELEFANT IM WELTRAUM, DER DURCH DEN RÜSSEL RUFT
Luft, hast du gesagt?

JONI
Luft, ja.
Die habt ihr vergessen, oder?

EIN ELEFANT IM WELTRAUM, DER DURCH DEN RÜSSEL RUFT
Oh nein …
Dabei liebe ich Luft …
Könnten wir uns nicht etwas von deiner Luft ausleihen?
Aus deinem Helm?

JONI
Ich brauche meine selbst.

EIN ETWAS ROMANTISIERENDER ELEFANT IM WELTRAUM
Alle brauchen das, was sie lieben.

JONI
Glaubst du das?

EIN ETWAS ROMANTISIERENDER ELEFANT IM WELTRAUM
Aber manchmal weiß man nicht, was das ist, bis man es nicht mehr hat.
So wie Luft zum Beispiel.
Man hält es für selbstverständlich.

JONI
Das ist mein Kopf, der nickt.
Das sind meine Finger, die das Atmungssystem in meinem Helm anschalten.
Das ist meine Hand, die den Elefanten zum Abschied zuwinkt.

EIN ELEFANT IM WELTRAUM, DER DURCH DEN RÜSSEL RUFT
Das sind unsere Rüssel, die zurückwinken.

JONI
Und von der Rückseite des Mondes hören wir einen Klang,
ein Lied, das überall erklingt,
aus Rüsseln, die einen letzten Trauermarsch zum Sternenhimmel blasen.

Ein Trauermarsch für die Elefanten im Weltraum.

Szene 9
die sich fragt, ob Heim und Herz am selben Ort sind

JONI
Manchmal frage ich mich, ob ein Fehler passiert ist.
Ob ich auf dem falschen Planeten abgeworfen wurde.
Ob ich aus Versehen auf der Erde gelandet bin.
Ob irgendein Storch mit einer fliegenden Untertasse zusammengestoßen ist,
und dann ist ein Fehler passiert, und wir wurden vertauscht.
Ein Mensch kam zu meinem Planeten,
und ich kam zur Erde.

Aber eines schönen Tages,
auf einer meiner Reisen
höre ich,
gerade als ich den Helm abnehme,
in meiner Sprache

MEINE WELTRAUM-MUTTER
Laserstrahl Mondschein?

JONI/LASERSTRAHL MONDSCHEIN
Das ist mein Weltraum-Name.
Ja?

MEINE WELTRAUM-MUTTER
Du bist es!
Sie ist nach Hause zurückgekehrt!

LASERSTRAHL MONDSCHEIN
Nach Hause?

MEIN WELTRAUM-VATER
Endlich bist du hier! Wir haben so sehr auf dich gewartet!

LASERSTRAHL MONDSCHEIN
Ehrlich?

MEIN WELTRAUM-VATER
Natürlich haben wir das. Wir sind doch deine Weltraum-Eltern!

LASERSTRAHL MONDSCHEIN
Ich wusste es!

MEINE WELTRAUM-MUTTER
Willkommen zuhause!

LASERSTRAHL MONDSCHEIN
Und dann veranstalten sie einen großen Umzug mir zu Ehren.
Weil ich nach Hause gekommen bin.
Sie fahren mich durch die Weltraum-Straßen in einem offenen Weltraum-Auto, und alle zusammen stehen in ihren Weltraum-Fenstern und rufen:
»Laserstrahl Mondschein! Laserstrahl Mondschein!«

Eine große Konfettikanone explodiert über Joni.

Und sie lächeln und klatschen und weinen vor Freude, mich zu sehen.
Und ich werde zum königlichen Weltraum-Schloss gefahren.
Zuerst kommen die Weltraum-Historiker.

DIE WELTRAUM-HISTORIKER
Wir wussten, dieser Tag würde kommen, schon seit

dem Tag, als du aus dem Weltraum-Geburtsschiff verschwunden bist.
Und seither haben wir ein Stück aufbewahrt, das damals abgefallen ist.

LASERSTRAHL MONDSCHEIN
Und dann platzieren sie das Stück in meinem Bauch, und es passt perfekt,
und das schwarze Loch gibt es nicht mehr.
Und nach den Weltraum-Historikern kommt die Weltraum-Königin heraus, sie legt ein Schwert auf meine Schulter und sagt

DIE WELTRAUM-KÖNIGIN
Von nun an bist du nicht mehr Joni.
Sondern die, die du immer warst:
Laserstrahl Mondschein.

LASERSTRAHL MONDSCHEIN
Und sie schlägt mich zum Weltraum-Ritter erster Klasse und gibt mir ein superscharfes Weltraum-Schwert, und ich bin die erste Wächterin der Galaxie.
Eine, die große Weltraum-Monster wie Fliegen abschlachtet.
Und ich bin ein megaberühmter Star, und alle lieben m-

MEIN VATER
Joni!
Steh auf
geh zur Schule
räum das Zimmer auf
iss zu Abend
mach die Hausaufgaben
putz die Zähne

spül den Mund und spuck aus
gute Nacht!

JONI
Es muss ein Fehler passiert sein.
Weil, es muss mehr als nur das geben.
Wo doch das Universum so groß ist.

Szene 10
die uns die Tiere zeigt

Etwas Grünes und Hartes fliegt mit einer zähen Trägheit
durch den Weltraum.

JONI
Da oben ist etwas
am Himmel über uns.

MEIN KLEINER BRUDER
Wer?
Gott?

JONI
Vielleicht.
Einmal bin ich fast damit zusammengestoßen.
Ist direkt an meiner Nase vorbeigeflogen.
Eine Schildkröte.

MEIN KLEINER BRUDER
Eine Schildkröte?

JONI
Die mir zugewunken hat, während sie im Schildkrötentempo vorbeisauste.

DIE SCHILDKRÖTE
H a l l o . . .

MEIN KLEINER BRUDER
Gott ist eine kleine grüne Schildkröte?
Glaubst du das?

JONI
Nein, du?
Und dann, ganz plötzlich, kam ein Kan-

DAS KANINCHEN
Ich-bin-ein-Kaninchen-ein-Kaninchen-ein-Kaninchen-ein-Kaninchen-ein-Kaninchen-ein-Kaninchen.

JONI
Das ist ein Kaninchen.

MEIN KLEINER BRUDER
Sieht so aus, als würde es versuchen, die Schildkröte einzuholen.

DAS KANINCHEN
Letzter-um-die-Erde-ist-ne-Kuuuuh!

JONI
Und dann kamen sie wie Perlen an einer Kette,
Schimpansen,
Meerkatzen.

DIE KATZEN
Und normale Katzen.

JONI
Algen,
Ratten und Mäuse

DIE FRUCHTFLIEGEN
Vergiss die Fruchtfliegen nicht,
wir sind auch da!
Du hast nicht zufällig ein paar Früchte dabei, oder?

JONI
Und Frösche
und Spinnen.

DIE QUALLEN
Und die Quallen.
Vergiss nie die Quallen!

DIE HUNDE
Oder die Hunde.

DIE BAKTERIEN
Und nicht zuletzt
die Bakterien.
Oder … sind wir die Letzten?

JONI
Sie sind alle zusammen dort oben.

MEIN KLEINER BRUDER
Ein großer Tierpark.

JONI
Rings um die Erde wie ein Schmuckstück.

MEIN KLEINER BRUDER
Warum?

DIE KATZE
Warum?
Weil die Menschen Angst davor hatten, selber hier rauf zu kommen.
Einer der Menschen rief

DAS KANINCHEN ALS MENSCH
Gibt-es-irgendwelche-Freiwilligen?!

DIE KATZE
Aber alle Menschenmünder waren wie zugeklebt,
die Augen zum Boden gesenkt, auf dem sie gingen,
die Köpfe schüttelten hin und her wie ein Tennismatch
im Schnelldurchlauf.
Keiner traute sich.

DAS KANINCHEN ALS MENSCH
Es-muss-doch-jemanden-geben-der-sich-traut?

DIE KATZE
Bis zum Schluss einer von ihnen rief

DIE RATTE ALS MENSCH
Können wir nicht stattdessen ein Tier schicken?

BAKTERIEN ALS MENSCHEN
Nur einen ganz kleinen unbedeutenden Frosch oder so?

DIE RATTE ALS MENSCH
Ein kleiner Frosch sagt nicht »Nein«.

ALGEN ALS MENSCHEN
Ein kleiner Frosch kauft keine Aktien und geht nicht auf
Business-Meetings mit strammer Krawatte.

DIE MAUS ALS MENSCH
Ein kleiner Frosch richtet nicht die Einfahrt zu seinem
Haus her,
oder legt neue Fliesen im Bad
oder trägt zum Bruttosozialprodukt bei.

BAKTERIEN ALS MENSCHEN
Sie sind ja zu nichts nütze, wenn man es genau betrachtet!

DIE RATTE ALS MENSCH
Und das allerbeste: ein kleiner Frosch sagt nicht »Nein«.

DIE MAUS ALS MENSCH
Jedenfalls nicht so, dass wir es hören können!

Die Tiere als Menschen lachen.

DIE KATZE
Und da schossen die Menschenhände aus den Taschen, und die Hände klatschten und klatschten und klatschten und klatschten und klatschten und klatschten bis sie ganz rot wurden.

JONI
Aber die Menschenköpfe kreisen nicht am Himmel,
sie kreisen um sich selbst.

DIE KATZE
Und einer nach dem anderen wurden wir durch die Atmosphäre hinaufgeschossen.

JONI
Warum habt ihr nichts gesagt?

RATTEN
Das haben wir.
Wir sagten

Die Schildkröten knabbern.
Die Kaninchen schnüffeln.
Die Katzen miauen.

Die Hunde kläffen.
Die Schimpansen schreien.
Die Meerkatzen heulen.
Die Algen gurgeln.
Die Ratten zischen.
Die Mäuse fiepen.
Die Frösche quaken.
Die Fliegen summen.
Die Spinnen knirschen.
Die Quallen blubbern.
Und die Bakterien … sie schäumen.
aber sie haben nicht zugehört.

MEIN KLEINER BRUDER
Und jetzt schmückt ihr die Erde.
Wie ein Schmuckstück am Nachthimmel.
Ringsherum.

JONI
Ein Satellit ist etwas, was sich in einer Bahn um etwas anderes herum dreht.
Wir drehen uns alle umeinander.

DIE KATZE
Aber manchmal kann es ein bisschen schwierig sein, das zu sehen.

Szene 11
über die Bausteine der Welt

Rund um Joni und meinen kleinen Bruder wachsen große Haufen von allen möglichen Dingen.

JONI
Stell dir vor, wenn man so starke Raketen hätte, dass man sich selbst in die Zeit zurückschießen könnte.
In den Geschichtsbüchern auf Seite eins zurückblättern könnte.
Oder sogar zur Titelseite.

MEIN KLEINER BRUDER
Wie, glaubst du, heißt das Geschichtsbuch?

JONI
»Die Geschichte von uns.«
Aber das ist, bevor wir Gestalt annehmen.
Bevor alles Gestalt annimmt.

MEIN KLEINER BRUDER
Ein Buch ganz ohne Worte?

JONI
Ja.

MEIN KLEINER BRUDER
Aber wo sind sie,
alle Worte?
Wenn sie nicht benutzt werden?

JONI
Sie liegen in großen Haufen herum.
Große Berge von Worten, die zusammengesetzt werden sollen.
In einer Zeit, die so weit entfernt liegt, dass es beinahe unendlich erscheint.

Aus einem der Haufen hört man eine Stimme.

DER BAUMEISTER
Ah! Wo hab ich bloß die Schnäbel hin?!

JONI
Hallo?

Der Kopf des Baumeisters taucht aus dem Haufen von Dingen auf.

DER BAUMEISTER
Habt ihr die Schnäbel gesehen?

MEIN KLEINER BRUDER
Nein.

JONI
Wer bist du?

DER BAUMEISTER
Gute Frage!
Was glaubst du?

JONI
Bist du es, der –

DER BAUMEISTER
Mein Gott!

JONI
Ist das wahr?

DER BAUMEISTER
Ja, mein Gott,
jetzt erinnere ich mich!
Die Schnäbel habe ich doch dort drüben hingelegt, direkt unter alle linken Zehen.
Wärst du so lieb und würdest einen für mich holen?
Hinter den Fjorden, zwischen den Tentakeln und dem Schaum.

JONI
Was baust du?

DER BAUMEISTER
Ich weiß es nicht.

JONI
Du weißt es nicht?

Mein kleiner Bruder gibt dem Baumeister einen Schnabel.
Der Baumeister befestigt den Schnabel an einem Tier.

DER BAUMEISTER
Keine Ahnung!
Es sieht aus wie eine Art haariges Tier mit Schnabel, oder?
Ich glaube, ich nenne es Schnabeltier.

MEIN KLEINER BRUDER
Was macht es?

DER BAUMEISTER
Was meinst du?

JONI
Was *macht* es?
Was ist der Sinn davon?

DER BAUMEISTER
Ich verstehe die Frage nicht.
Es ist ein Schnabeltier.
Der Sinn von einem Schnabeltier ist, dass es ein Schnabeltier sein soll.

MEIN KLEINER BRUDER
Okay …

DER BAUMEISTER
Seid ihr eine Wand?

JONI
Häh?

DER BAUMEISTER
Weil es sich ein bisschen so anfühlt, wie mit einer Wand zu sprechen.
Ich habe es ausprobiert.
Die Wand dort ist nämlich eine meiner besten Freunde.
Zur Wand. Klatscht sie mit High-five ab.
Was geht?
Wartet auf Antwort. Lässt die Hand sinken.
Sie ist ein bisschen schüchtern.

JONI
Baust du das alles nur aufs Geratewohl?
Ohne Bedienungsanleitung?

DER BAUMEISTER
Bedienungsanleitungen sind etwas für Feiglinge!
Warum sollte ich die benutzen?
Dann weiß ich doch, was herauskommt, bevor ich es gebaut habe.
Wo bleibt da der Spaß?

JONI
Dann kannst du ja falsch bauen!

DER BAUMEISTER
Falsch …?

MEIN KLEINER BRUDER
Wer ist jetzt hier die Wand?

DER BAUMEISTER
So ein Quatsch.

JONI
Na, mich hast du falsch gebaut!
Das passiert, wenn man keiner Bedienungsanleitung folgt!

DER BAUMEISTER
Was meinst du?

JONI
Statt eines Bauchs
hast du ein schwarzes Loch eingebaut.

DER BAUMEISTER
Ein was?

JONI
Ein schwarzes Loch.
Das meine Worte verschluckt hat.
Das die Tränen aus Mamas Kopf heraussaugt.
Das Papa wütend macht.
Weil ich ganz falsch bin.

DER BAUMEISTER
Wie kannst du falsch sein?
Wenn niemand weiß, was richtig ist?
Auf jeden Fall nicht, solange wir keine Bedienungsanleitung haben.

MEIN KLEINER BRUDER
Vielleicht sind es Mama und Papa, die falsch sind?

JONI
Ich will mich nur austauschen,
Stück für Stück,
neue Füße, die auf der Erde gehen,
neue Arme zum Kämpfen,
neuer Mund mit neuen Worten,
neues Herz, das nicht ganz so kräftig schlägt,
neuer Bauch,
einer, der dicht ist,
einer ohne Loch.
Kannst du mir dabei helfen?

Der Baumeister schüttelt den Kopf.

MEIN KLEINER BRUDER
Ich hätte gerne ein Horn auf der Stirn.
Und einen extra Fuß.
Und wie wäre es mit zehn Brustwarzen?

Stille.

JONI
Ich mag dieses Buch nicht.
Ich mag Bücher, die gut enden.
Das hier fühlt sich nicht so an, als würde es gut enden.

DER BAUMEISTER
Die Frage ist, was gut ist.

Szene 12
die das Ende der Welt beschreibt

Ein kosmischer Sturm.

JONI
Manchmal will ich, dass alles zu Ende geht.
Wenn ich wütend genug bin.
Wenn meine Augen dunkel werden und dunkle Nacht sehen.
Wenn meine Zähne zu fletschenden Schwertern werden.
Und das schwarze Loch im Bauch nie satt wird.

Als Vorspeise verschlinge ich unser Haus,
alle Wände,
das Wohnzimmer mit den Gästen,
und die Fußmatte, wo draufsteht
»Wer ein Herz hat, hat Platz für alle«.

Als Hauptgericht verschlinge ich meine Mutter und meinen Vater.
Sie verschwinden mit kleinen Schreien in meinem Bauch und sind weg.
Das gleiche passiert mit unserer Straße,
Laternenpfählen und Hunden und allem,
und gleich danach wird die Stadt verschluckt, in der ich lebe,
mit Haut und Haar und rissigem Asphalt.

Und ich bin gewachsen, durch alles, was ich verschlinge.
Ich bin jetzt mehrere hundert Meter groß!
Aber immer noch nicht annähernd satt.
Die Wut will mehr haben.

Das Loch in meinem Bauch fängt damit an, die Erdkruste
von ihrer Unterlage abzuschälen.
Es verschlingt alle Blumen und Bäume,
all das Öl und die Diamanten,
alle Skelette von Tieren, die niemand je gesehen hat.

Ich stehe jetzt draußen im Weltraum
und sehe auf das, was von der Erde übrig ist.
Mehrere tausend Meter groß und nicht aufzuhalten.
Ich sehe die Weltmeere mit den Fischen in meinem Bauch
verschwinden,
das Eis an den Polen verschwindet,
und alle Menschen,
einer nach dem anderen.

Die Erde gibt es nicht mehr.
Niemanden von uns gibt es mehr.
Aber ich bin immer noch wütend.

Zum Dessert drehe ich mich zum Rest des Universums
um.
Und verschlinge jede einzelne, kleine Galaxie,
jeden einzelnen, kleinen Planeten
und den ganzen Nachthimmel voller Sterne.

Der Sturm verstummt jäh.

Dann, endlich, bin ich ganz allein.
Bis auf ein Ding.
Da ist dieses eine Ding, das immer zurückbleibt.
Auf meiner Schulter sitzt nämlich ein zähes gelbes Wesen
und lacht in mein Ohr hinein.

MEIN SCHLECHTES GEWISSEN
Hallo.

JONI
Das ist mein schlechtes Gewissen.

MEIN SCHLECHTES GEWISSEN
Was machst du?

JONI
Nichts.

MEIN SCHLECHTES GEWISSEN
Nichts?
Das ist wenig.

JONI
Was willst du?

MEIN SCHLECHTES GEWISSEN
Bist du sauer?

JONI
Nein.

MEIN SCHLECHTES GEWISSEN
Weil, du siehst nämlich sauer aus.

JONI
Tu ich nicht.

MEIN SCHLECHTES GEWISSEN
Doch.
Hörst dich auch sauer an.
Sauer sauer sauer.

JONI
Ich bin nicht sauer.

MEIN SCHLECHTES GEWISSEN
Vielleicht hast du zu viel gegessen?
Ein bisschen Bauchweh bekommen?

JONI
Nein.

MEIN SCHLECHTES GEWISSEN
Nicht?
Ok.
Ruhig hier heute.

JONI
Ruhig.

MEIN SCHLECHTES GEWISSEN
Kein Laut ist zu hören, überhau-
warte mal!
Was ist das für ein Laut?
Hörst du das?

JONI
Ich höre nichts.

MEIN SCHLECHTES GEWISSEN
Doch doch doch …
Hörst du das nicht?

JONI
Das ist nichts.

MEIN SCHLECHTES GEWISSEN
Doch, da ist was. Hör doch.
Es kommt aus deinem Bauch.
Weinen.

JONI
Krokodilstränen.

MEIN SCHLECHTES GEWISSEN
Von allen Planeten,
der Erde,
dem Himmel,
deinem Haus,
deiner Mutter und deinem Vater –

JONI
Sie haben es verdient!
Sie –

MEIN SCHLECHTES GEWISSEN
Dein kleiner Bruder.

JONI
Mein kleiner Bruder …

MEIN SCHLECHTES GEWISSEN
Oh … Daran hast du nicht gedacht, oder?
Weil du, Joni, du denkst nämlich nur an dich selbst.
Der einzige Gedanke in deinem Kopf ist
ich ich ich ich!

JONI
Entschuldige, kleiner Bruder.
Ich –

MEIN SCHLECHTES GEWISSEN
Entschuldige!?
Glaubst du, das ganze Universum kreist nur um dich?
»Ich bin der Mittelpunkt des Universums!«
Ich ich ich ich!
Ich ich ich ich!
Usw.

JONI
Dann, plötzlich …
schießt ein Arm aus dem schwarzen Loch in meinem Bauch hervor.
Und der packt den Hals von meinem schlechten Gewissen.

MEIN SCHLECHTES GEWISSEN
Ahh! Lass mich los!

JONI
Und dann taucht ein Kopf aus dem Bauch auf.
Der Kopf von meinem kleinen Bruder!

MEIN KLEINER BRUDER
Hör auf, meine Schwester zu ärgern!

JONI
Aus dem Hals von meinem schlechten Gewissen kommen eine Menge Gurgellaute.
Und mein kleiner Bruder zieht sich jetzt aus meinem Bauch heraus.

MEIN SCHLECHTES GEWISSEN
Lass los lass los lass los lass los!

JONI
Sie rollen am Boden herum und schlagen aufeinander ein.
Aber endlich erwischt mein kleiner Bruder das gelbe, zähe Wesen und wirft es in das schwarze Loch hinein!
Und weg ist es.

MEIN KLEINER BRUDER
So …
Das wäre erledigt.

JONI
Ich …
Ich wollte nicht …
Entschuldige.

MEIN KLEINER BRUDER
Universen werden in regelmäßigen Abständen zerstört.
So ist das nun mal.
Alles muss in einem wütenden Sturm verschwinden, damit alles wieder neu werden kann.
Eine Art Neubeginn.
In regelmäßigen Abständen.
Das ist gesund.
Nichts, weswegen man ein schlechtes Gewissen haben müsste.

Szene 13
über die Gestalt der Dinge

JONI
Überleg mal, wie viele Augen und Ohren es in der Welt gibt.
Die meisten von uns haben je zwei.
Das ergibt viele Augen und Ohren.
Aber wozu benutzen wir sie eigentlich?
Außerdem hat der Mensch gigantische Augen und Ohren aus Metall gebaut.
Große Teleskope, die in den Weltraum über uns hinaussehen und -hören.

MEIN KLEINER BRUDER
Warum?

JONI
Die Menschen suchen.

MEIN KLEINER BRUDER
Wonach?

JONI
Das wissen sie nicht, bis sie es finden.

MEIN KLEINER BRUDER
Ein bisschen so wie wir?

JONI
Ein bisschen so wie alle.

MEIN KLEINER BRUDER
Wir suchen vielleicht in die falsche Richtung?

JONI
Häh?

MEIN KLEINER BRUDER
Falsche Richtung.
Wir haben die ganze Zeit nach außen gesucht,
in der Höhe und Ferne.
Aber vielleicht sollten wir besser nach innen sehen?

JONI
Nach innen?
Wohin?

MEIN KLEINER BRUDER
In den Bauch hinein.
Das schwarze Loch.
Wir können es nicht stopfen, wenn wir nicht wissen, wie es aussieht.

JONI
Kleiner Bruder …
»Warum« als Lieblingswort zu haben, ist sehr gut.
Drehe die Metallaugen,
drehe die Metallohren.
Schwenke sie herum,
in uns selbst.

Mein kleiner Bruder dreht ein gigantisches Teleskop in Richtung von Jonis Bauch.

JONI
Was siehst du?

MEIN KLEINER BRUDER
Ich sehe das schwarze Loch.

JONI
Wie sieht es aus?

MEIN KLEINER BRUDER
Es …
Es sieht aus, als ob …

JONI
Was denn?

MEIN KLEINER BRUDER
Jetzt weiß ich, warum wir nach außen suchen.

JONI
Warum?

MEIN KLEINER BRUDER
Wenn wir nach innen suchen, ist es nicht sicher, dass wir mögen, was wir finden.

JONI
Wie sah es aus?

MEIN KLEINER BRUDER
Wie …
Wie –

JONI
Mutter und Vater?

Mein kleiner Bruder nickt.

JONI
Was sagen sie?

Mein kleiner Bruder legt das Ohr an das Teleskop.

MEIN KLEINER BRUDER
Sie sagen »Entschuldigung«.

Szene 14
in der ich sage »ich habe euch lieb«

MEINE MUTTER
Entschuldige, Joni.

MEIN VATER
Wir haben wohl nicht so gut zugehört.

MEINE MUTTER
Aber deine Worte sind neu für uns.

MEIN VATER
Deine Sprache war immer neu für uns.

MEINE MUTTER
Entschuldige.

MEIN VATER
Aber von jetzt an wird alles anders werden.

MEINE MUTTER
Die Dinge können sich ändern. Die Gestalt der Dinge kann sich verändern. Das können sie.

MEIN VATER
Verstehst du …

MEINE MUTTER
Wir haben dich sehr lieb.

MEIN VATER
Sehr lieb.

JONI
Ich habe euch auch sehr lieb.

MEIN VATER
So lieb haben wir dich …

MEINE MUTTER
dass wir den hier für dich gekauft haben.

Meine Mutter und mein Vater holen einen Sprachcomputer hervor.

MEINE MUTTER
Ein Sprachcomputer!
Ja, ein bisschen teuer war der schon, aber …

JONI
Aber …
Ich habe euch lieb.

MEIN VATER
Ja, wir verstehen, dass es für dich auch schwierig sein muss, dass …

MEINE MUTTER
ja, dass alles so ist, wie es ist.

MEIN VATER
Das muss hart sein.

JONI
Hört her:
Ich habe euch lieb.

MEINE MUTTER
Jetzt wird alles besser werden.

MEIN VATER
Du schreibst einfach die Worte hier rein, und dann drückst du dort.

MEINE MUTTER
Es ist nicht schwierig.

JONI
Ich habe euch lieb.

MEINE MUTTER
Aber ein bisschen musst du schon mithelfen.

MEIN VATER
Von nichts kommt nichts.

MEINE MUTTER
Stell dir vor, wie gut alles sein wird.

MEIN VATER
Jetzt kannst du sagen, was du willst.
Statt Teller in tausend Stücke zu zerschlagen.

JONI
Ich habe euch lieb.

MEINE MUTTER
Willst du es
nicht einmal versuchen?

MEIN VATER
Du –
du kannst es doch zumindest versuchen.
Für deine Mutter.

JONI
Ich habe euch lieb.
Ich habe euch lieb.
Ich
habe
euch
lieb.

MEIN VATER
Dann eben nicht.
Wir können dich ja nicht dazu zwingen, es zu versuchen.

MEINE MUTTER
Naja …
Dann vielleicht an einem anderen Tag.
Schlaf gut.

JONI
Ich bin im freien Fall.
Tausend Tonnen schwerelos.
Und ich sehe meine Finger, wie sie auf die Tasten der Tastatur fallen.
Eis gegen die Fingerspitzen.
Die Finger drücken die Buchstaben nach unten und hinaus und weg von mir, einen nach dem anderen.
Und dann sagt ein Lautsprecher

EIN COMPUTER
Ich habe euch lieb.

JONI
Meine Eltern drehen sich um.
Meine Mutter bedeckt ihren Mund.
Tränen in den Augen.

MEINE MUTTER
Ooh, Joni …

JONI
Mein Vater stolz.

MEIN VATER
Verstehst du jetzt, was wir meinten, Joni?
Verstehst du uns endlich?
Ich wusste, du kannst es.

JONI
Sie laufen mit weit geöffneten Armen auf mich zu.
Die Gesichter vom Lächeln erhellt.
Dann herzen ihre Arme den Sprachcomputer.
Sie umarmen ihn,
küssen ihn.

MEINE MUTTER
Zum Sprachcomputer.
Wir haben dich auch lieb.

MEIN VATER
Sag es nochmal, bitte.
Mein Vater drückt auf eine Taste.

EIN COMPUTER
Ich habe euch lieb.

Meine Eltern schreien laut auf vor Freude und tanzen aus meinem Zimmer hinaus.

Szene 15
wo das schwarze Loch hingeht, um zu verschwinden

JONI
Ich denke:

In einem Zimmer
in einem Haus
in einer Stadt
auf einem Planeten
gibt es ein großes, schwarzes Loch.

In mir.
Joni.
Und das gibt es dort aus einem Grund.
Ich habe keinen Grund, dort zu bleiben.
Ich habe kein Selbstmitleid.
Überhaupt nicht.

Es reicht mir einfach.
Das ist alles.

Ich bin losgezogen,
Weg davon.
Weit weg.
Ich bin dorthin gereist, wo schwarze Löcher verschwinden.
Niemand weiß genau, wo das ist.
Aber ich bin trotzdem da.
Joni steht ganz am Rande dieses Universums.
An der Grenze.
Am Rand.
Der Rand eines Abgrunds.
Ich muss nur einen Schritt machen, dann bin ich dort.
Weg.

Joni ruft in die Dunkelheit hinein.

Hallo?!
Ist hier irgendjemand!?

EINE STIMME
Wir sind hier.

Licht auf alle, die Joni ansehen, zum Beispiel das Publikum.

JONI
Jetzt sehe ich sie.
Andere Menschen mit ihren schwarzen Löchern, die sie nicht abgedichtet kriegen.
Überall schwarze Löcher.
Die seltsamste, schönste Truppe, die du je zu Gesicht kriegen kannst.
Keiner gleicht dem anderen.
Alle Weltenzerstörer,
die ihre schwarzen Löcher vor ihrer Welt verbergen.

Und ich
ich strecke die Hände zur Seite,
schließe die Augen
und lasse mich
langsam
über
den
Rand
fallen.

Joni fällt.

Szene 16
Wiegenlied für meinen Bruder

JONI
Aller Erfahrung nach falle ich so, dass ich irgendwann etwas treffe.
Zum Beispiel den Boden.
Aber das passiert nicht.

Weil ich eine Hand spüre, die mich hinten an meinem Pulli festhält.
Und die Hand gehört meinem kleinen Bruder.
Er sieht streng aus.

MEIN KLEINER BRUDER
Du darfst nicht.

JONI
Lass los.
Ich werde mich verstecken.

MEIN KLEINER BRUDER
Warum?

JONI
Ich verstecke mich vor den Menschen.

MEIN KLEINER BRUDER
Aber ich bin doch ein Mensch.

JONI
Nein,
noch nicht.
Aber du wirst einer sein.

MEIN KLEINER BRUDER
Das entscheidest nicht du.

JONI
Alle werden dazu.

MEIN KLEINER BRUDER
Nein. Nicht alle.

JONI
Lass jetzt los.

MEIN KLEINER BRUDER
Nein.
Du musst für mich singen.

JONI
–

MEIN KLEINER BRUDER
Ich kann nicht einschlafen.

JONI
Häh?

MEIN KLEINER BRUDER
Ich kann nicht einschlafen,
und du musst für mich singen.
Sonst kann ich nicht einschlafen.

JONI
Mein kleiner Bruder zieht mich mit einem Ruck vom Rand weg und in sein Schlafzimmer hinein.
Okay. Ein Lied. Aber dann gehe ich.

MEIN KLEINER BRUDER
Sing.

JONI
Mein kleiner Bruder legt seinen Kopf auf meinen Schoß.
Ich öffne langsam meinen Mund, und heraus kommen die gewöhnlich ungewöhnlichen Laute.

Laute von Vokalen und weichen Konsonanten, die ineinander übergehen.

Es hört sich an wie das Dröhnen eines entfernten Flugzeugs.
Nein, warte!
Vielleicht kein Flugzeug.
Mehr wie eine –
eine Rakete.
Ein Weltraumrakete, die ins Dunkel der Nacht hinaufgeschossen wird.

Weißes Rauschen erfüllt den Raum mit einer Stille.
Nicht hässlich,
nicht parodiert,
nicht traurig,
nicht lustig,
okay, vielleicht ein bisschen lustig,
aber vor allem fremd.

Und dann bemerke ich es.
Der Kopf meines kleinen Bruders hat sich ganz nah an meinen Bauch gelegt.
Und als er da so liegt,
genau so,
wird das schwarze Loch in meinem Bauch von seinem Ohr abgedichtet.
Ganz und gar.

MEIN KLEINER BRUDER
Ich kann dein Herz schlagen hören.

JONI
Echt?
Wie schlägt es?

MEIN KLEINER BRUDER
Leicht.
Unglaublich leicht.

Wir sehen, wie mein kleiner Bruder einschläft.
Und wir hören Joni singen,
für alle Satelliten am Nachthimmel.

Einige Gedanken zur szenischen Umsetzung

Seite 11: Verpasse Joni gerne einen Astronautenhelm. Am besten einen, der so authentisch wie möglich ist.

Seite 20: Vielleicht kann Mein Vater ein Bon-Jovi-T-Shirt tragen?

Seite 22: Am liebsten einen hohen Tellerstapel. Und zerschlage ihn so, wie beschrieben.

Seite 26: Vielleicht kann Mein kleiner Bruder eine Schwimmbrille kriegen?

Seite 32: Ich LIEBE die Vorstellung, eine echte Sprinkleranlage zu verwenden! Oder zumindest echtes Wasser auf der Bühne.

Seite 36: Ich LIEBE auch die Vorstellung, tatsächlich 44 Elefanten auftauchen zu lassen. Wie Riesenbäume in einem großen Weltraumwald.

Seite 45: Spiel den Trauermarsch der Elefanten zu Ende. Vielleicht haben sie ihre eigene Version von »Bad medicine«?

Seite 47: Hier am besten eine riesengroße Kanone voller Konfetti.

Seite 65: Mein schlechtes Gewissen kann so unheimlich und böse sein, wie nur möglich. Und es kann die Gestalt annehmen, die man für richtig hält.

Seite 75: Bitte hier einen Computer verwenden. Aber die Stimme kann gerne von den Schauspielern kommen.

Seite 81: Hier gerne Licht auf das Publikum.

Der ganze Text: Tue, was du willst, und was du für das Richtige hältst. Joni vertraut dir.

Runter auf Null

ÜBER DEN TEXT

Man braucht mindestens vier Schauspieler, oder so viele man möchte. Figuren können erweitert werden und/oder mit anderen Figuren zusammengefasst werden. Spielt damit!

Man sollte sich darauf konzentrieren, nicht das Alter, sondern die Situationen zu spielen. Weil Freude ist doch gleich Freude, und Trauer gleich Trauer, unabhängig vom Alter, stimmt's?

Alle Figuren können von Schauspielern jeden Geschlechts gespielt werden. Im Text ist jeder Figur ein Geschlecht zugeordnet, dies kann geändert werden.

Die letzte Szene ist von Claire LaZebniks *Epic Fail* inspiriert.

Dieser Text wurde für *Den Unge Scenen 2017* geschrieben.

Where does it all lead?
What will become of us?
These were our young questions, and young answers were revealed.
It leads to each other.
We become ourselves.

– Patti Smith, *Just kids*

My reflection, dirty mirror
There's no connection to myself
I'm your lover, I'm your zero
I'm the face in your dreams of glass
So save your prayers
For when you really gonna need 'em
Throw out your cares and fly
Wanna go for a ride?

– Smashing Pumpkins, *Zero*

Zehn: Das Dauernde

Alle auf der Bühne.

Vielleicht fangen sie langsam aber sicher damit an, ein passendes Lied zu singen.
Vielleicht wird das Lied schwächer, jemand singt leise im Hintergrund, während ein anderer spricht.
Vielleicht gibt es gleitende Übergänge zwischen Singen und Sprechen.

ALLE
Etwas wurde in Bewegung gesetzt.
Etwas sprengt sich den Weg frei
durch die Haut der Welt.
Und bald
wird es hier sein.
Bald
schlägt es ein.
Und es kann nicht gestoppt werden.
Also mach die Augen zu
und zähl runter auf Null.
Fang bei zehn an
und zähle mit geschlossenen Augen rückwärts.
Fang bei zehn an
und zähle langsam runter auf Null.
Wie eine Bombe.

Das Lied verklingt.

Alle sehen in Richtung eines Zuges, der ihnen dröhnend entgegenfährt. Licht und Lärm.
Immer mehr.
Alle gehen zur Seite, bis auf Hanna, die stehenbleibt.

Neun: Das Jetzt

Hanna, Simon und Sara.
Sara mit ihrem Handy.
An den Gleisen.
Das gewaltige Geräusch eines Zuges.

SIMON
Weg da!

SARA
Hanna!

SIMON
Spring!
Spring doch!

Hanna schreit.
Hanna wirft sich zu Boden.
Das gewaltige Geräusch eines Zuges, der vorbeidonnert und verschwindet.
Hanna atmet schwer, sie hat die Augen geschlossen.
Das Geräusch verschwindet.
Simon geht zu ihr.

SIMON
Alles in Ordnung?

HANNA
Mehr.

SIMON
Was?

HANNA
Ich will mehr.

SIMON
Mehr?

SARA
Ich hab schon gedacht, du springst gar nicht!

SIMON
Du hast zu lange gewartet.

SARA
Hast bloß auf dem Gleis gestanden und
und hast gewartet.

SIMON
Als ob du wolltest, dass der Zug zuerst nachgibt.

HANNA
Ihr *müsst* das ausprobieren.
Ihr müsst.

SARA
Du hast gesagt, ein Mal, Hanna.

SIMON
Und das war jetzt ein Mal.
Das ist mehr als genug.

SARA
Hält ihr Handy in die Höhe.
Und ich habe ja alles.
Den Zug und alles. Alles zusammen.

Sara fängt an, mit ihrem Handy herumzuspielen.

SIMON
Deswegen waren wir hier.
Jetzt müssen wir los.

HANNA
Aber ihr –

SIMON
Nein, komm jetzt!

HANNA
Aber spür doch mal!
Nimmt schnell Simons Hand und legt sie auf ihr Herz.
Simon etwas verlegen.
Sara sieht zu.
Spürst du es?

SIMON
Äähm …
Ja.

HANNA
Es hat noch nie so geschlagen.
Mein Herz.
Als ob es
bis jetzt
nur so getan hätte, als ob.

Stille.

SIMON
Wir müssen
gehen.
Komm.

Simon zieht Hanna mit sich und will gehen.

HANNA
Aber –

SIMON
Komm jetzt.

Sie bleiben stehen, als Sara weiterspricht.

SARA
Ooh …

SIMON
Was?

SARA
Werdet jetzt nicht sauer, aber …

HANNA
Aber?

SARA
Ich habe anscheinend ein Foto gemacht.

SIMON
Was?

SARA
Ich dachte, ich hatte es auf Aufnahme, aber es war –

SIMON
Bist du bescheuert?

SARA
Nenn mich nicht bescheuert.
Es war ein Versehen.

SIMON
Ein Versehen?
Das heißt, wir haben jetzt gar nichts?
Sara schüttelt den Kopf.
Mann!

HANNA
Aber dann *müssen* wir es nochmal machen.

SIMON
Nein, hab ich gesagt.

HANNA
Doch!

SIMON
Wir können nicht hier bleiben.

HANNA
Kapierst du es nicht?
Wenn es kein Video gibt, ist es nie passiert.

SARA
Es tut mir leid, ich …
Ich weiß nicht, was pass-

SIMON
Die werden uns erwischen.

HANNA
Erwischen?

SARA
Wer, die?

SIMON
Der Lokführer wird wohl jemanden vorbeischicken, oder?
Sara und Hanna nachdenklich.
Ihr glaubt doch nicht, er sieht, wie ein Mädchen direkt vor seinem Zug fast zu Hackfleisch zermantscht wird und dann nur denkt
»jaja,
ist ja nochmal gut gegangen«.

HANNA
Aber es *ist* gut gegangen.

SIMON
Das ist nicht der Punkt!

HANNA
Doch!

SARA
Vielleicht schaffen sie es nicht?

SIMON
Schaffen es nicht?

SARA
Ja.
Hierher zu kommen.

SIMON
Bevor wir abhauen, meinst du?

SARA
Nein.

HANNA
Bevor ein neuer Zug kommt.

SIMON
Neuer Zug?

HANNA
Ja.

SIMON
Der Zug ist abgefahren!

SARA
Der nächste kommt bestimmt.

SIMON
Nein, wir müssen hier weg!

SARA
Aber wir haben noch kein Video.

SIMON
Und wer ist daran schuld?

SARA
Es war ein Versehen, hab ich gesagt!

SIMON
Hanna … Komm schon.

HANNA
Hast du Angst?

SIMON
Das ist ein Scheißzug. Natürlich habe ich A-

HANNA
Gut.

SIMON
Gut?

HANNA
Wenn sich immer alles sicher anfühlt, macht man was falsch.

Kurze Stille.

SIMON
Warum ist das eigentlich so wichtig mit dem Video?

HANNA
Weil ich es teilen will.

SIMON
Was denn?

HANNA
Das hier.
Den Augenblick.

SIMON
Aber das tust du doch.

HANNA
Aber wir sind nur wir.
Ich will es mit der ganzen Welt teilen.

SARA
Wir werden wahnsinnig viele Views kriegen!

SIMON
Views?

SARA
Ja.

Stille.

SIMON
Komm.
Bitte.

Hanna schüttelt den Kopf.

SIMON
Okay …
Ihr könnt machen, was ihr wollt.
Ich haue ab.

SARA
Simon …

HANNA
Bleib doch.

Simon geht weiter.

SARA
Ich habe ein Foto von dir!

SIMON
Bleibt stehen.
Wovon redest du?

SARA
Du musst hierbleiben.
Wirft Hanna einen schnellen Blick zu.
Du musst.
Ich habe ein Foto von dir. Hier. Und –
Du *musst* einfach hierbleiben, okay?

Simon geht wütend auf Sara zu, aber Hanna geht dazwischen.

HANNA
Wir machen es zusammen!

SIMON
Was?

HANNA
Nur ein letztes Mal.
Du und ich.

SIMON
Nein.

SARA
JA!
Bitte sag ja, Simon.
Das Internet explodiert.
Versprochen.
Ahmt mit dem Mund ein Explosionsgeräusch nach.

SIMON
Nein …

HANNA
Du hast doch mein Herz gespürt!
Wann hat deines je so geschlagen?
Als ob etwas etwas bedeuten würde?

SIMON
Jedes Mal wenn ich dich –

Sie werden vom Hupen eines Zuges unterbrochen.
Alle wenden sich dem Geräusch zu.

SARA
Er kommt!
Beeilt euch!

HANNA
Berührt Simons Gesicht.
Wenn du das hier mit mir durchziehst,
werden unsere Herzen gemeinsam schlagen.
Ich weiß, das hört sich an, wie eine Zeile aus einer schlechten Fernsehserie,

ich weiß,
aber es ist trotzdem wahr.
Sie werden im gleichen Takt schlagen,
lauter als alle anderen.
Bitte.
Nur ein
letztes
Mal.

SIMON
Mann, Hanna. Können wir nicht einfach –
Hanna unterbricht Simon mit einem Kuss.
Kurze Stille.
Okay.

HANNA
Okay?

SIMON
Okay.
Wir machen es …

HANNA
Wir machen es.

SARA
Wir machen es!

HANNA
Zu Simon.
Bist du bereit?

Simon nickt.
Hanna nimmt Simons Hand, und sie gehen auf die Gleise.

SARA
Jetzt steht es auf Aufnahme.
Versprochen!

Simon und Hanna sehen dem nahenden Zug entgegen.
Das gewaltige Geräusch eines Zuges, der sich unaufhaltsam nähert.
Sie schreien, werden aber vom Zug übertönt.
Plötzlich wirft Hanna ihre Arme um Simon.
Er versucht verzweifelt, sich zu befreien, aber sie hält ihn fest.
Das Ganze stoppt jäh.

Acht: Das Davor

Ein Junge.
Er trägt ein Palästinensertuch.
Das ist Der Stalker.
Sandra trägt eine Sonnenbrille.
Sie sind zusammen auf der Bühne, befinden sich aber in unterschiedlichen Situationen.

SANDRA
Plötzlich, eines Tages,
taucht eine Mail in meinem Postfach auf.
Von einem Stalker.
Meinem Stalker.
Es ist ein Video.

DER STALKER
Liebe Sandra.
Zuallererst mal:
Ich bin *kein* Stalker, okay?
Das will ich nur klarstellen …
Ich bin einfach …
Ich bin einfach ein ganz normaler Junge.
Und …
Und ich finde, du bist so,
also, entschuldige, aber …
schön.
Ich finde dich so
unglaublich
schön.
So. Jetzt habe ich es gesagt.
Kurze Stille.
Lacht kurz.
Das ist komisch, oder?

Man macht all diese Schritte,
und dann ist es nur dieser letzte, der
wirklich zählt.

SANDRA
Eine Minute später. Ein neues Video.

DER STALKER
PS.
Ich bin nicht seltsam.
Bin ich nicht.
Versprochen.

SANDRA
Eine Minute später.

DER STALKER
Okay. Vielleicht bin ich ein bisschen seltsam.
Das gebe ich zu.
Ein bisschen seltsam.
Ein bisschen seltsam.
Aber eher so süß-seltsam, oder?
Auf keinen Fall so unheimlicher-Stalker-der-vor-dem-Supermarkt-steht-und-auf-dich-wartet-seltsam … auf gar keinen Fall.
Das solltest du wissen.
Süß-seltsam. Das bin ich.

SANDRA
Einige Tage vergehen.
Dann eine neue Mail.

DER STALKER
Ich habe dich gestern im Fernsehen gesehen.

Und ich fand dieses Palästinensertuch so cool, das du um hattest,
und …
Sieht auf sein eigenes Tuch herunter.
Lächelt.
9,99 Euro bei H&M.
Schön, oder?
Ist zwar nicht die gleiche Farbe wie deines, das wäre auch ein bisschen seltsam … Aber trotzdem …
Schön.
Ja, Mensch, ich hatte ja keine Ahnung, von Israel und Palästina und so, war total ungebildet, bis ich dich getroffen habe.
Aber jetzt habe ich nachgelesen, im Internet und so, und …
Das ist doch total verrückt! Oder? Wie Israel sich aufführt?
Sperrt die Leute ein. Ohne Essen. Ohne Wasser. Ohne Strom.
Ich meine … Das kann man doch nicht aushalten.
Ist doch nur eine Frage der Zeit, bis es den Palästinensern reicht.
Bis es …

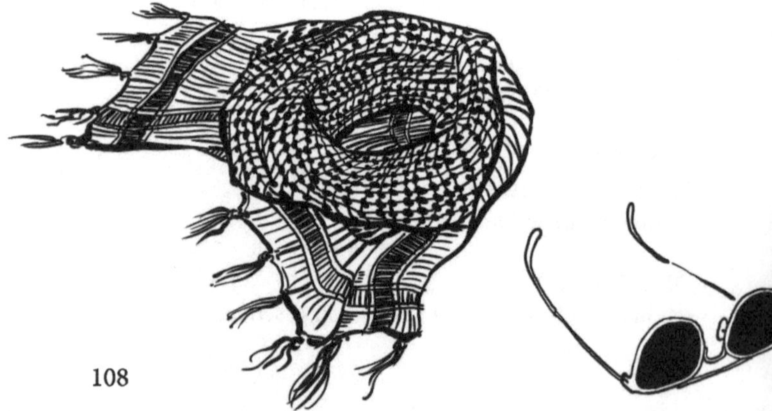

Macht ein Explosionsgeräusch.
… knallt.
Stille.
Ja, und uns auch …
natürlich.
Bis es uns reicht. Mit dem Zugucken.
Bis wir auch etwas tun.
Handeln.
Stille.
Daran habe ich auch gedacht.
Jetzt reicht es.
Jetzt reicht es, verdammt nochmal! Du musst handeln!
Mit Passivität erreichst du gar nichts, habe ich mir gesagt.
Deswegen …
Willst du mit mir ins Kino gehen?
Willst du?
Bitte?
Das wäre unglaublich cool.
Dein Ticket schicke ich dir als Anhang.
Also … Bis dann.
PS. Ich kaufe was zum Knabbern.

SANDRA
Einige Tage später.

DER STALKER
Ich habe Bauchweh bekommen.
Habe ja auch Popcorn für zwei gegessen.
Und zu viel Cola getrunken.
Ich verstehe ja, dass du beschäftigt bist und so, aber …
Ja …
Immerhin war es ein guter Film.
Du spielst ja mit, von daher …
Dann muss er ja gut sein.

SANDRA
Einen Tag später.

DER STALKER
Weißt du, was Mama sagt?
Sie sagt, ich sehe aus wie ein Terrorist
mit dem Tuch.
Bin ich nicht, antworte ich.
Bin ich auch nicht. Ich bin nur politisch sehr aktiv, und das ist ein großer Unterschied.
Auch wenn es sich ein bisschen ähnelt. Vor allem wenn man Videos wie das hier sieht, stimmt's?
Fehlt irgendwie nur der Säbel und ein paar arabische Schriftzeichen im Hintergrund, und dann haben wir es.
Plötzlich ernst.
Aber wo sie den Hals durchschneiden
schneide ich mein Herz heraus.
Für dich.
Und es ist deins
deins, falls du es haben willst.
Du musst nur Bescheid sagen.

SANDRA
Am selben Tag.

DER STALKER
Jetzt bin ich Mitglied bei Amnesty International.
Und beim Roten Kreuz.
Und bei der Flüchtlingshilfe und den Ärzten ohne Grenzen und der Kindernothilfe.
Und der Caritas.
Ja, das ist ziemlich teuer, aber …
es ist gut, etwas tun zu können.
Wirklich etwas zu tun.

Stille.
Und bei UNICEF! Die hatte ich vergessen.
Bei UNICEF auch.
Also …
Stille.
Es wäre so cool, wenn du mit ins Kino gehen würdest.

SANDRA
Eine Woche später
liegt ein großer Umschlag in meinem Briefkasten.

DER STALKER
Liebe Sandra.
Mit diesem Brief findest du
ein T-Shirt, das dir gehört,
einen BH,
der auch dir gehört,
und eine Badekappe, die du einmal benutzt hast.
Da sind noch Haare drin
also
in der Kappe.
Ja, ich …
ich dachte, du willst die Sachen zurückhaben.
Irgendwelche Idioten haben versucht, sie zu verkaufen.
Im Internet.
Dann habe ich sie gekauft.
Ertrug einfach nicht die Vorstellung, dass die etwas von dir besitzen könnten.
Deswegen …
Bitteschön.

SANDRA
Zwei Wochen später.

DER STALKER
Gib mir einfach
einfach eine Antwort.
Bitte.
Weil, wenn man nicht beachtet wird,
dann ist man unsichtbar.
Und ich, ich verdiene es, gesehen zu werden. Wirklich.
So, wie ich dich sehe.
Deswegen … Eine Antwort,
das ist alles, was ich will.
Oder … Am liebsten ein Ja, natürlich, zum Kino und so, aber
einfach eine Antwort reicht.

SANDRA
Die letzte Mail,
mit dem letzten Video
kommt einige Wochen später.

DER STALKER
Hallo.
Ich wieder.
Ich wollte nur sagen
ich arbeite an einer Überraschung für dich.
Eine, die man beachten wird.
Eine, die du mögen wirst, glaube ich.
Ja …
Das war alles.
Du hörst von mir.
Knall auf Fall.
Stille.
Freu dich drauf.

Sieben: Das Danach

Erik und Ingrid.
Beide tragen weiße Plastikoveralls mit Kapuzen, außerdem Handschuhe und Stiefel.
Erik isst von einem Lunch-Paket.

INGRID
Wie viele Schichten noch bis zum Zahltag?

ERIK
Zehn.

INGRID
Zehn?

ERIK
Ja.

Kurze Stille.

INGRID
Das ist so verdammt ungerecht.

ERIK
Was?

INGRID
Dass ich meine Wochenenden
hiermit
verschwenden muss.

ERIK
Es zwingt dich ja niemand, oder?

INGRID
Nicht direkt, nein.
Es hält mir niemand ein Gewehr ans Auge.

ERIK
Eben …

INGRID
Nein, aber fast.

ERIK
Hör doch auf.

INGRID
Was?

ERIK
Wenn du es so schlimm findest …
kannst du nicht einfach aufhören?

INGRID
Glaubst du nicht, ich würde gerne?
Aber so einfach ist das nicht.

ERIK
Warum nicht?

INGRID
Weil ich eben das Geld brauche.
Ich bin pleite.

ERIK
Ich dachte, deine Familie ist reich …?

INGRID
Heutzutage sind doch alle reich.

ERIK
Alle?

INGRID
So gut wie.

ERIK
Warum bist d-

INGRID
Weil Papa meint, es
»bildet den Charakter«.

ERIK
Und tut es das?

INGRID
Was?

ERIK
Den Charakter bilden?

INGRID
Wenn man Stinksauer-Werden dazuzählen kann …
dann schon.
Dann platze ich bald vor Charakter.
Schreit verärgert.
Niemand arbeitet mit so etwas hier!

ERIK
Wir tun es.

INGRID
Du weißt, was ich meine.
Niemand, den wir kennen.
Das sind immer irgendwelche anderen.

ERIK
Wer denn?

INGRID
Die.
Die anderen.
Andere Leute putzen.
Nicht wir.
Wir putzen doch nicht.

ERIK
Irgendjemand muss es machen.

INGRID
Ja, aber ich doch nicht.
Stille.
Weißt du …
Vor diesem Job
habe ich nie auch nur darüber *nachgedacht*, dass Züge geputzt werden müssen.
Über solches Zeug sollte ich doch nicht nachdenken müssen.

ERIK
Denkst du viel darüber nach?

INGRID
Ja, *jetzt*.
Weil es mein Job ist.

Aber so etwas wie
das hier
sollte doch einfach von selbst passieren, oder?

ERIK
So schlimm ist es auch wieder nicht, oder?

INGRID
Es geht mehr um …
ums Prinzip.
Verstehst du?
Es ist einfach
ungerecht.

Stille.

ERIK
Aber du hast ziemlich viel Glück gehabt.

INGRID
Glück gehabt?

ERIK
Vor ein paar Wochen, kurz bevor du angefangen hast,
kam ein Zug rein, und …
Ja,
es kommt immer wieder vor, dass sie etwas erwischen.

INGRID
Etwas erwischen?

ERIK
Die Züge.
Fahren gegen etwas.

Meistens gegen einen Vogel, der eben Pech hat
oder einen Hasen
oder so etwas …

INGRID
Wie eklig.

ERIK
Aber manchmal
ist es vielleicht
etwas Größeres.
Ja, das sieht man am Zug.
Dann … gibt es mehr zu putzen
sozusagen.

INGRID
Zum Beispiel?

ERIK
Ich weiß auch nicht …
Ein Hirsch vielleicht?
Kühe?
Ja, es heißt doch Kuhfänger.
Das spitze Teil an der Lok.
Obwohl, das ist fast mehr eine Art …
Kuhspalter, oder?
Lacht über seinen eigenen Witz, erntet aber keine Reaktion von Ingrid.
Hört auf zu lachen.

INGRID
Du machst Witze?
Erik schüttelt den Kopf.
Aber, was war es denn dann?

ERIK
Sie sagen nie, *was* es war, aber …
Ist ja eigentlich auch egal.
Wenn die Geschwindigkeit beim Zusammenprall hoch genug ist, sehen wir alle gleich aus.
Stille.
In der Stille liegt der Gedanke, dass es auch etwas anderes als ein Tier gewesen sein könnte.
Man kriegt immerhin mehr Geld …
Eine Art … Dreckzulage, oder so.

INGRID
Das bildet den Charakter.

ERIK
Ja …

INGRID
Und wie viel?

ERIK
Charakter …?

INGRID
Nein. Geld?
Wie viel kriegt man extra? Dafür, tote Tiere abzukratzen?

ERIK
Weiß ich nicht mehr …

Stille.

INGRID
Ich hasse es, pleite zu sein.
Ich fühle mich wie eine Null, ein Nichts …

ERIK
Willst du eine Scheibe?
Hält ihr sein Lunch-Paket hin.
Bin satt.

INGRID
Was ist da drauf?

ERIK
Schinken und rotes Pesto.

INGRID
Nein, danke. Ich mag kein Pesto.

ERIK
Okay …
Quetscht die Reste des Lunch-Pakets zusammen und wirft es weg.
Worauf sparst du denn?

INGRID
Ein neues iPhone.

ERIK
Was ist mit dem alten passiert?

INGRID
Es ist alt.

ERIK
Bist du sicher, dass du ein iPhone haben möchtest?

INGRID
Jetzt fang bloß nicht damit an!

ERIK
Womit?

INGRID
Halt mir bloß keinen Vortrag darüber, dass die von kleinen Kindern in Afrika zusammengebaut werden, okay? Darauf habe ich jetzt wirklich keine Lust.

ERIK
Nein, okay … Okay.
Das wollte ich gar nicht sagen.
Stille.
Ich wollte sagen, dass die von kleinen Kindern in Asien zusammengebaut werden.

INGRID
Na und! Papa würde die sicher mögen.
Arme, kleine Kinder, randvoll mit Charakter.

Stille.

ERIK
Ich habe gelesen, dass
die, die Bomben bauen …
Du weißt schon, selbstgebaute Bomben und so …
Terroristen und … Na, du weißt schon.
Die benutzen nie iPhones.
Weil die Müll sind.

Der Akku ist immer sofort leer, stimmt's?
Dann muss man ihn aufladen, und dann …
Macht ein Explosionsgeräusch.
Ein iPhone weniger auf der Welt.
Und ein Terrorist auch, übrigens …
Also, das habe ich zumindest gehört.

INGRID
Dann ist es doch gut, wenn sie iPhones kaufen.

ERIK
Ja, so gesehen …

INGRID
Glaubst du, wir würden frei kriegen, wenn sie eine Bombe im Zug fänden?

ERIK
Bestimmt …
Aber ich bezweifle, dass das passiert.
Plötzlich ein großer Knall aus der Ferne.
Beide zucken zusammen.
Sehen auf denselben Punkt am Himmel.

INGRID
Ein Feuerwerk …?
Ich stehe hier und putze Züge, während jemand ein Feuerwerk zündet …?
Scheiße …
Erik nimmt ein iPhone aus der Hosentasche und sieht auf die Uhr.
iPhone …?

ERIK
Ja.
War im Angebot, deswegen … Ja.
Die Pause ist vorbei …

INGRID
Seufzt.
Das ist so verdammt ungerecht.
Dass ich meine Wochenenden hiermit verschwenden muss.

Sechs: Das Jetzt

Elisabeth und Tom am Bahnhof.
Beide tragen schlecht sitzende Orchesteruniformen.
Tom außerdem im Gothic/Emo-Style, z. B. mit schwarz geschminkten Augen, vielleicht auch mit schwarzem Lippenstift.
Er sitzt auf einer Bank.

ELISABETH
Kann ich mich hier hinsetzen?

TOM
Hier?

ELISABETH
Ja.

TOM
Warum?

ELISABETH
Warum …?
Ich weiß nicht … Keine Lust zu stehen?
Und du siehst aus, als hättest du eine Kippe.

TOM
Ich?
Du weißt schon, dass das schlecht für dich ist?

ELISABETH
Ja.
Setzt sich.
Tobias, stimmt's?

TOM
Nein. Tom.

ELISABETH
Tom, ja! Jajaja … Ich wusste, es war irgendetwas mit T.

TOM
Wir spielen seit zwei Jahren zusammen.

ELISABETH
Zwei Jahre?
Ich bin El-

TOM
Elisabeth.
Ich weiß.

ELISABETH
Okay …
Stille.
Dann also …
Keine Kippe?

TOM
Davon kriegt die Klarinette einen schlechten Klang.

ELISABETH
Ja … Ja.
Die Lokalzeitung ist hier.

TOM
Und die vom Fernsehen.

ELISABETH
Fernsehen?

TOM
Die warten auch.
Er ist jetzt eine Stunde verspätet, der Zug …

ELISABETH
Für wen sollten wir eigentlich spielen?

TOM
Sandra-Sowieso …
Die, die diese Reality-Show gewonnen hat,
im Fernsehen.
Sie ist von hier.

ELISABETH
Was?
Ich hab gedacht, es wäre für einen Schriftsteller oder so.

TOM
Nein, für sie.

ELISABETH
Na, dann hoffe ich, er ist entgleist.
Und explodiert. Wie im Film.
Macht ein Explosionsgeräusch.
Stille.
Sieht auf die andere Seite der Gleise.
Warum ist hier eigentlich so ein großer Spiegel?
Bestimmt Kunst, oder was glaubst du?
Ich wette, das ist so etwas wie, man sieht sich selbst, und dann sind wir das Kunstwerk, und dadurch, dass man sich selbst sieht, versteht man, wie verdammt dumm man

sich manchmal aufführt, und dann geht man vom Bahnhof weg und fühlt sich wie ein ganz neuer Mensch und hat Lust, alles zu verändern, einen Unterschied zu machen, die Welt zu einem neuen und besseren Ort zu machen, glaubst du, dass es so etwas ist?

TOM
Nein.

ELISABETH
Nein …
Wahrscheinlich nicht.
Lacht kurz.
Schau uns mal an. Diese Orchesteruniformen …
Wir sehen aus wie zwei Mini-Faschisten auf Tour.
Legt zwei Finger als Bart auf die Oberlippe.
Marsch, Marsch!

TOM
Das ist ein Springer-Spiegel.

ELISABETH
Springer-Spiegel?

TOM
Ja. Damit die Leute nicht vor den Zug springen.
Man sieht sich selbst, während man da steht und sich entscheidet.
Während man herunterzählt.
Der Gedanke ist, dass es schwieriger ist zu springen, wenn man sich selbst dabei in die Augen sehen muss.

ELISABETH
Shit …

TOM
Ja.

ELISABETH
Das denkst du dir nicht nur aus, weil du Emo bist und Tod und so magst?

TOM
Nein.

Stille.

ELISABETH
Schminkst du dich selbst?

TOM
Das macht meine Mama.

ELISABETH
Ehrlich?

TOM
Nein, natürlich nicht.
Habe ich im Internet gelernt.

ELISABETH
Wow. Du bist gut.
Ist viel besser als mein Make-up.

TOM
Du bist doch auch so hübsch.

ELISABETH
Nein, bin ich nicht.
Danke auch.
Aber bin ich nicht.
Will ich gar nicht sein.

TOM
Nicht?

ELISABETH
Nein.
Die Welt ist voll mit hübschen Leuten. Und mehr als das sind sie auch nicht. Hübsch.
Alle sehen gleich aus! Man braucht das, was anders ist.

TOM
Sagt das Mädchen in der Uniform …

ELISABETH
Genau! Ich habe eine Uniform an, und *jetzt* bin ich anders … Stimmt's?
Die vom Fernsehen, zum Beispiel, auf die wir warten. Alles, was sie kann, ist hübsch sein.
Ich spiele immerhin verdammt gut Tuba.

TOM
Kennst du sie?

ELISABETH
Hm?

TOM
Die vom Fernsehen. Weil sie doch von hier ist, meine ich?

ELISABETH
Nein … Nein.
Aber du weißt doch, wie die sind.

TOM
Eigentlich nicht.

ELISABETH
Rosa Klischees, die sagen, sie wollen die Welt verändern.
Aber eigentlich reden sie doch nur davon, wie man sich selbst verändern kann,
stimmt's,
sein eigenes Aussehen.
Als ob das die Welt wäre.
Das sieht man ihr schon an.
Ich brauche die gar nicht kennenzulernen, um zu wissen, dass sie total
total leer ist.
Nur Schaufensterdekoration.

TOM
Nur Äußerlichkeiten?

ELISABETH
Yes!

TOM
Nur Make-up?

ELISABETH
Genau!
Sieht ein, dass Tom ziemlich viel Make-up benutzt.
Oder … Ja. Also. Irgendwie eben. Nicht, dass Make-up an sich falsch wäre … Du verstehst schon.

Stille.
Der Junge, der verwiesen wurde …

TOM
Thomas?

ELISABETH
Ja, Thomas, ja.
Du hast ihn gekannt, oder?

TOM
Ich kenne ihn immer noch.

ELISABETH
Sind sie umgezogen?

TOM
Mussten sie wohl …

Stille.

ELISABETH
Weißt du …
Es war keine Absicht.
Es ist …
Es ist einfach passiert.

TOM
Oh?

ELISABETH
Ja.
Wir wussten doch nicht, dass er durchdrehen würde.
So ist es eben in der Schule!

Alle werden doch ein bisschen gemobbt in der Schule.
Außerdem war er selbst schuld.

TOM
Wie meinst du das?

ELISABETH
Na …
Er hat alles ertragen.
Das war wahnsinnig nervig.
Dass er nur dagesessen und alles ausgehalten hat. Die ganze Zeit.
Hat unseren ganzen Dreck ertragen.
Hat immer das Opfer gespielt, verletzt gespielt …

TOM
Gespielt …?

ELISABETH
Ja!
Und je mehr er ausgehalten hat, desto wütender sind wir geworden, klar, oder?
Und desto schlimmer wurde es natürlich.

TOM
Natürlich …

ELISABETH
Ich meine … Wenn er einfach zurückgeschlagen hätte.
Ein einziges Mal. Einfach einen von uns geschlagen hätte.
Hart ins Gesicht, oder so …
Dann hätten wir aufgehört, glaube ich.
Aber er wollte irgendwie so
so schwach sein. Verstehst du?

Er wollte schwach sein, damit wir Mitleid kriegen.
Aber niemand mag Schwäche. Schwäche ist unattraktiv.

TOM
Aber dann hat es geknallt?

ELISABETH
Ja, das kannst du wohl sagen.
Und bevor wir uns versehen haben, war die Polizei da.
Blaulicht und alles.
Wollten sie mit dir auch reden, hinterher?

TOM
Ich weiß nicht.
Ich war an dem Tag zuhause.

ELISABETH
Warst du krank?

TOM
Nein …
Nein, aber Thomas hat mir an dem Tag eine Nachricht geschickt.
Vor der Schule.
Bleib heute zuhause, stand da.

ELISABETH
Oh?

TOM
Ja.
Warum, habe ich gefragt.
Dann habe ich ein Foto von seiner Daunenjacke bekommen.

Und darin war
das Gewehr.
Unter dem Foto stand nur:
Mir reicht es.
Dann hab ich nichts mehr gehört.

ELISABETH
Shit …
Dann warst du es, der die Polizei gerufen hat?

TOM
Nein.

ELISABETH
Was?

TOM
Nein.
Ich habe nichts gemacht.
Bin nur zuhause geblieben.

ELISABETH
Aber …
Wusstest du, dass es nur ein Luftgewehr war?

TOM
Nein.

ELISABETH
Aber …
Aber wir hätten doch alle …
Tom nickt.
Shit …
Stille.

In dieser Stille fängt Tom langsam, fast lautlos an zu weinen, den Blick starr geradeaus gerichtet.
Elisabeth bemerkt es.
Du … Nicht weinen. Es *ging* ja gut.
Dein Make-up … es zerläuft.
Du …

Elisabeth setzt oder stellt sich vor Tom und fängt an, die Tränen zu trocknen.
Plötzlich, aus heiterem Himmel, versetzt Tom Elisabeth einen Kopfstoß.
Sie schreit, fasst sich an die Nase, vielleicht blutet sie auch.

TOM
Weißt du, solche Springer-Spiegel wie der …
Die gibt es nicht nur hier.
Die gibt es überall.
Und die Leute, über die du geredet hast, die hübschen, solche wie du,
glauben, dass die Spiegel dazu da sind, Make-up, Brüste, Sixpack, Haare, Kleider zu prüfen …
Aber das ist falsch.
Man muss nur eine Sache prüfen.
Die Augen.
Ob du dir
jeden Tag
in die Augen sehen kannst.
Tom lächelt Elisabeth an.
Reicht ihr die Hand. Sie nimmt sie.

Fünf: Das Jetzt

Das Geräusch eines Luftgewehrs, das abgefeuert wird.
Das Geräusch einer Kuh, die muht.
Das Geräusch einer Kuh, die umfällt.

Henrik, Thomas, Anna und Katrin auf einem Feld.
Eine tote Kuh zwischen ihnen.
Thomas steht da, mit dem Luftgewehr in den Händen.

ANNA
Ist sie …?
Ist sie tot?

KATRIN
Ich glaube nicht, dass sie atmet.

HENRIK
Wir haben sie getötet.

ANNA
Fühl mal.

KATRIN
Wie denn
»fühlen«?

ANNA
Ob sie tot *ist*.
Am Herz oder so.

KATRIN
Was?

ANNA
Ob es schlägt.

KATRIN
Sehe ich aus wie eine Tierärztin?

ANNA
Du musst einfach fühlen.

KATRIN
Wo denn, Anna?
Wo, meinst du, soll ich fühlen?

ANNA
Auf der linken Seite vom
vom Brustkorb eben …

HENRIK
Stell dir vor, wir haben sie getötet.

KATRIN
Am Brustkorb?

ANNA
Du weißt schon, wo ich meine.

HENRIK
So habe ich mir das heute morgen *nicht* vorgestellt, als ich aufgestanden bin.
Dass heute …
heute der Tag ist
an dem ich eine Kuh
töte.
Aber hier stehe ich.

Über einer mausetoten
Kuh.

ANNA
Kannst du still sein?
Wir *wissen* ja nicht, ob sie tot ist!

HENRIK
Siehst du das da?
Die Kugel ist genau ins Auge gegangen.
Glatt durch und …
Ahmt das Geräusch einer Kugel nach, die durch das Auge geht und das Gehirn trifft.
Sie ist
tot.

KATRIN
Zu Thomas.
Ich dachte, du sagtest, das wär ein Luftgewehr?

THOMAS
Das *ist* ein Luftgewehr.
Eben ein sehr wirkungsvolles Luftgewehr.

KATRIN
Offensichtlich.

Stille.

ANNA
Wir können ihr vielleicht einen Spiegel vor das Maul halten?

KATRIN
Einen Spiegel?

ANNA
Ja.
Wenn der Spiegel anläuft,
ist sie nicht tot.

KATRIN
Und wo sollen wir einen Spiegel herkriegen?

ANNA
Hier.
Holt einen Schminkspiegel aus der Tasche.
Katrin sieht Anna fragend an.
Was? Das ist ein Schminkspiegel.
Es *schadet* nämlich nicht, gut auszusehen, Katrin.

KATRIN
Wir sind mitten im Nirgendwo auf einem Scheißfeld.

ANNA
Aber man kann auch auf einem Feld mitten im Nirgendwo gut aussehen, oder?

HENRIK
Gib mal her.
Nimmt den Spiegel.
Hält ihn der Kuh eine Weile vor das Maul.
Wie lange soll ich den so halten?

ANNA
Weiß nicht.
Ein paar Sekunden?

HENRIK
Zählt lautlos von fünf abwärts.
Kurze Stille nach Null.
Wir *haben* eine Kuh getötet.

KATRIN
Scheiße.
Zu Thomas.
Ich dachte, du sagtest, du wärst ein guter Schütze?

THOMAS
Bin ich.
Wahnsinnig gut.
Ich habe einen Kurs gemacht und war im Schützenverein und so.

KATRIN
Aber ...?

THOMAS
Aber sie hat sich bewegt.

KATRIN
Das machen Kühe so.
Bewegen sich umher, als hätten sie einen freien Willen.
Verhalten sich wie Tiere.

THOMAS
Es war keine Absicht!
Okay?
Es war ein Versehen.
Ich habe auf die Glocke gezielt.

HENRIK
Die Glocke?

THOMAS
Am Hals.
Ich habe auf die Glocke gezielt …
Das wäre irgendwie cool, die zu treffen.
Ihr wisst schon … Pling!
Aber dann hat sie sich bewegt.
Als würde sie direkt in den Lauf sehen,
sie hat mich angesehen.
Auf Augenhöhe.

ANNA
Schön …

THOMAS
Aber da hatte der Finger schon angefangen, den Abzug zu drücken.
Es war zu spät.

ANNA
Berührt Thomas tröstend an der Schulter.
Sie hat dir sicher angesehen, dass es keine Absicht war.

THOMAS
Glaubst du?
Anna lächelt und nickt.
Danke.

KATRIN
Na, dann ist ja alles in Ordnung!
War ja immerhin keine Absicht!
Ruft in Richtung der toten Kuh.

Sorry Kuh! Pech gehabt!
Aber!
Es war ein *Versehen*!

ANNA
Du bist *so* gefühllos.

KATRIN
Tot ist tot.

HENRIK
Und wir haben sie getötet.

Stille.

KATRIN
Nein.
Ich nicht.
Alle sehen Katrin an.
Ich habe nicht abgedrückt.
Das war er.
Zeigt auf Thomas.

THOMAS
Es war keine Absicht, habe ich gesagt.

KATRIN
Sorry …
Aber ich kann nicht.
Ich will Ärztin werden …
Sorry, aber so ist es nun –

HENRIK
Hast du »Stopp« gesagt?

KATRIN
Was?

HENRIK
Hast du »Stopp« gesagt?
Hast du?

ANNA
Hast du nicht.

HENRIK
Oder vielleicht … »tu das nicht«?

KATRIN
Nein, aber –

HENRIK
Oder »ich denke, wir sollten uns das noch einmal genau überlegen«?
Oder »das ist ein Fehler«, hast du das gesagt?

KATRIN
Ich habe es gedacht.

HENRIK
Soll ich dir mal etwas sagen?
Der Gedanke zählt nicht.
Was auch immer die Leute im Selbstgespräch sagen,
das zählt nicht.
Aber Taten …
Taten zählen.

Stille.

ANNA
Ich bin Vegetarierin.
Das ist eine Tat.

THOMAS
Bist du?

Anna nickt.

KATRIN
Murmelt unhörbar etwas vor sich hin.

ANNA
Was hast du gesagt?

KATRIN
Hitler war das auch, habe ich gesagt.

ANNA
Das ist ein Gerücht, und das *weißt* du!

THOMAS
Aber ist doch großartig.

KATRIN
Großartig?

THOMAS
Ja. Die hier wird kein Steak mehr.

ANNA
Das ist tatsächlich sehr, sehr gut.

KATRIN
Deine Logik ist also, dass wir alle Tiere töten sollten?
Damit sie nicht gegessen werden?

THOMAS
Nein –

KATRIN
Nein, weil, das hört sich ja fast so an, als würde man Essen wegschmeißen, in einer hungernden Welt.
So dumm sind wir auch wieder nicht, oder? Oder?

THOMAS
Ich sage nur, dass diese eine auf jeden Fall nicht zum Steak wird.

KATRIN
Man sollte doch
ganz im Gegenteil eher vermuten,
dass es einen Vegetarier provoziert, ein Tier leiden zu sehen.

THOMAS
Sie leidet ja nicht.

HENRIK
Weil sie tot ist.

KATRIN
Danke, wir haben es jetzt kapiert, Henrik!
Wir müssen sie zum Bauern bringen, damit er sie ausnehmen kann.

THOMAS
Nein, das geht nicht.

KATRIN
Das ist am nachhaltigsten.
Tut mir leid, wenn deine politische Überzeugung darunter leidet, Anna.
Wirklich, weil, ich respektiere es, dass du eine Meinung hast.
Aber wir können sie nicht hier liegen und verrotten lassen, nur, weil du kein Fleisch isst.

ANNA
Politik?
Wovon redest du?

KATRIN
Davon, dass du Vegetarierin bist.

ANNA
Häh?
Ich will einfach nicht fett werden.

KATRIN
Ach du Scheiße …

ANNA
Hast du eine Ahnung, wie ungesund rotes Fleisch ist?

THOMAS
Wir können dem Bauern nicht Bescheid sagen.
Das geht nicht.

HENRIK
Wir brauchen nicht Bescheid zu sagen.
Wir lassen sie einfach draußen liegen.
Mit einem … Zettel oder so.

KATRIN
»Lieber Bauer, es tut uns sehr leid, aber –«

THOMAS
Nein!
Nein, sie werden die Kugel finden.

HENRIK
Die Kugel finden?
Das hier ist doch keine Fernsehserie.

THOMAS
Sie werden herausfinden, dass ich ein neues Gewehr auf Ebay gekauft habe, und dann muss ich wieder umziehen, und dann fängt alles von vorne an.

KATRIN
Wovon redest du?

THOMAS
Ich will nicht wieder umziehen müssen.
Jetzt, wo ich hier bin.
Ich mag euch.
Mir gefällt es hier.
Mama gefällt es hier auch.

HENRIK
Was hat das mit der Kuh zu tun?

THOMAS
Wenn sie herausfinden, dass ich das war, dann –
Es tut mir leid.
Ich wollte euch beeindrucken.
Okay?
Einfach …
einfach einen Eindruck hinterlassen oder so etwas.

KATRIN
Das ist dir gelungen.

THOMAS
Ich habe einfach …
ich wurde immer gemobbt
auf der alten Schule.
Okay?
Deswegen …
wollte ich so gerne, dass ihr mich mögt.
Ich dachte, wenn ihr seht, wie gut ich schießen kann, dann …
Ja …
Nicht alle schaffen es, eine Kuhglocke zu treffen.

KATRIN
Naja, du offenbar auch nicht …

HENRIK
Seid ihr deswegen umgezogen?
Weil du gemobbt wurdest?

THOMAS
Ja.
Oder …
So ähnlich.

ANNA
Ich habe gehört, du bist verwiesen worden.

Stille.

THOMAS
Manchmal, da …
Manchmal, da googelt man einfach
solche Sachen, weißt du?
Nicht, weil man
das meint, aber …
Vielleicht ist man
einfach neugierig, oder so?
Verstehst du?
Dann, eines Tages, schreibt man
nur so aus Spaß, natürlich,
nur, weil man neugierig ist,
schreibt man
homemade bomb.
Oder school killings.
Oder acid in face revenge oder
oder so etwas …
Nicht, weil man es machen wird, sondern einfach
ja, man fragt sich einfach, wie, verstehst du?
Ob es möglich ist.
Dann, eines Tages, da
legt man, fast ohne darüber nachzudenken, legt man einfach ein Küchenmesser in den Rucksack
bevor man zur Schule geht.
Und das bleibt einfach da, den ganzen Tag.
Niemand bemerkt irgendwas.
Und niemand bemerkt die Flasche mit der Salzsäure, eine Woche später.
Die, die du aus dem Chemiesaal hast mitgehen lassen.

Und das Mobbing
geht immer weiter, weißt du?
Das hört ja nicht von selbst auf.
Niemand tut etwas dagegen, niemand sagt »Stopp«, obwohl alle es sehen.
Lehrer, alle.
Und der Druck im Bauch
wächst und wächst, und irgendetwas
irgendetwas muss doch helfen, denkst du.
Eine Woche später nimmt man also das Luftgewehr mit,
tief in der Daunenjacke versteckt.
Nicht, um es zu benutzen, bloß …
bloß, um zu sehen
ob es geht.
Und da wird man dann erwischt.
Und da wird dann die Browser-Chronik überprüft.
Und da wird man dann plötzlich der bad guy, obwohl man es nicht ist.
Und da wird man dann eben verwiesen.
Dann muss man eben umziehen …
Versteht ihr?
Stille.
Tut mir leid.
Ich wollte nur, dass ihr mich mögt.
Anna nimmt Thomas' Hand. Hält sie.

ANNA
Wir mögen dich.
Zu den anderen.
Stimmt's?

Stille.

KATRIN
Methan.

ANNA
Was?

KATRIN
Methan, hab ich gesagt.
Das ist ein Treibhausgas.
Kühe rülpsen.
Eine Kuh verunreinigt genauso viel wie ein großer Geländewagen.
Deswegen …
Lasst uns einfach sagen, die Welt ist ein bisschen besser geworden, okay?

THOMAS
Okay.

KATRIN
Und Anna bleibt dünn.
Anna gibt einen leisen, halb sarkastischen Freudenschrei von sich.
Hier sind nur wir.
Keine Fotos, keiner, der irgendetwas gesehen hat, kein anderer.
Nur wir.
Zusammen.

Thomas nickt.

ANNA
Was sollen wir mit der machen?

Stille.

HENRIK
Wir …
Auf dem Weg hierher sind wir an Gleisen vorbeigekommen.
Wir schleppen sie dorthin und dann …
und dann erledigt der Zug den Rest.
Sie sehen Henrik an.
Dann auf die Kuh.
Stille.

THOMAS
Danke.
Vielen Dank.

HENRIK
Okay …
Jeder ein Bein?
Sie nicken.
Jeder packt sich ein Bein.
Eins. Zwei. Drei! *Sie ziehen.*

Vier: Das Danach

Kevin, Siggi und Lars vor einer Tür.
Lars soll, aus Ermangelung eines passenderen Worts, »normal« gespielt werden. Er ist ein ruhiger Beobachter … bis er anfängt zu sprechen.

SIGGI
Und du bist dir sicher, dass er das hier lagert?

KEVIN
Ja, sage ich doch! Es *ist* hier.

SIGGI
Was, wenn wir erwischt werden?

KEVIN
Das wird sensationell.

SIGGI
Ja.

KEVIN
Das Netz wird explodieren.

SIGGI
Ja.
Kurze Stille.
Das Video von Sara und den anderen hat schon sechs Millionen Views.

KEVIN
Absoluter Wahnsinn.

SIGGI
Simon und Hanna, die auf den Gleisen stehen.
Der Zug, der auf sie zu donnert.
Und Hanna, die plötzlich ihre Arme um Simon wirft.

KEVIN
Total genial.
Sie ist jetzt reich, Sara.

SIGGI
Und Hanna lässt nicht los.
Der Zug kommt immer näher und näher und näher, aber sie lässt nicht los.

KEVIN
Von den Werbeeinnahmen.
5 Cent pro View oder so etwas.

SIGGI
Und kurz bevor der Zug da ist, GANZ KURZ DAVOR, schubst Hanna Simon weg, zu Sara hin.

KEVIN
Und bei über sechs Millionen Views ist das nämlich … viel.

SIGGI
Und als Sara die Kamera wieder aufgerichtet hat, ist Hanna verschwunden.
Komplett weg von den Gleisen.
Ein schwarzer Scheißzug ist alles, was man sieht.

KEVIN
Das wollen die Leute sehen. Das ist es, was sechs Millionen Menschen sehen wollen.
Absoluter Wahnsinn.

SIGGI
Der Zug, der vorbeidonnert.
Ka-dank-ka-dank. Ka-dank-ka-dank.
Ein Wagen nach dem anderen.

KEVIN
Ich liebe die Stelle.

SIGGI
Und hinter dem letzten Wagen.
Auf der anderen Seite der Gleise.
Da steht sie, verdammte Scheiße.
Da steht verdammt nochmal Hanna, echt.

KEVIN
Ich liebe die Stelle, verdammte Scheiße.

SIGGI
Da steht Hanna mit dem verrücktesten Grinsen, das du dir vorstellen kannst.
Und heult.
Heult sich die Augen aus.

KEVIN
Eben! Und *deswegen* müssen wir hier rein!
Überleg mal, was wir nach heute Abend alles machen können.
Ahmt das Geräusch einer Rakete nach.
Überleg mal, was wir mit dem ganzen Feuerwerk hier machen können.

SIGGI
Nickt.
Ich will auch sechs Millionen Views haben.

KEVIN
Alle wollen das.

Stille.

SIGGI
Nein.
Nein, es wird bestimmt überwacht.
Kamera an der Decke und so.

KEVIN
Wozu, glaubst du, ist *der* hier?

SIGGI
MongoLars?

KEVIN
Zu Lars.
MongoLars!
Komm her.

SIGGI
Okay? Und wenn jemand kommt, dann sabbert er sie an, oder wie?

KEVIN
Nein, jetzt guck mal.
Zu Lars.
MongoLars.
Wie zu einem Kind.

Hör zu. Du läufst rein, okay,
und dann holst du
so viele Raketen,
wie du tragen kannst.
Verstanden?

SIGGI
Der kapiert doch nichts.

KEVIN
Doch.
Weiter zu Lars.
Wir haben das Schloss aufgebrochen, und jetzt bist du dran.

SIGGI
Nimm so viele Raketen, wie du kannst.

KEVIN
Wenn nicht …
wenn nicht, dann müssen wir sagen, dass du die Tür kaputt gemacht hast.
Dass wir dich erwischt haben, als du versucht hast, einzubrechen.
Das müssen wir.

SIGGI
Wir müssen es deinen Eltern sagen.

KEVIN
Und dann kommst du ins Gefängnis.
Das willst du doch nicht?

SIGGI
Die mögen keine sabbernden Mongos im Gefängnis.

KEVIN
Verstanden?

Kurze Stille.

SIGGI
Nein …
Guck ihn dir doch an! Der kapiert rein gar nichts.

KEVIN
Doch.
Zu Lars. Hält sein Gesicht.
Sieh mich an.
Nimm so viel, wie du kannst.
Weil, wenn es nicht reicht,
dann müssen wir dich nochmal reinschicken.

SIGGI
Und dann wirst du erwischt, kapiert?

KEVIN
Okay.
Dann …
Bereit?
Jetzt!

LARS
Ich drücke die Türklinke nach unten und gehe hinein.
In einen Raum
voller
Raketen, Batterien, Knallfrösche,

alles, was du dir vorstellen kannst.
Ich sehe eine Kamera, die in der Ecke an der Decke blinkt.
Die mich beobachtet.
Okay, ich bringe es einfach hinter mich,
denke ich,
dann kann ich wieder nach Hause gehen und bin die Idioten los, die draußen stehen.
Ich schnappe mir einen Haufen Raketen und gehe in Richtung Tür.
Stille.
Aber dann …
Dann kommt mir eine Idee.
Weil …
Mir reicht es.
Genug
ist einfach
genug.
Statt also die Raketen mit hinauszunehmen,
lege ich sie auf einen großen Haufen mitten auf dem Boden.
Und hole ein Feuerzeug heraus.
Zündet ein Feuerzeug an.
Und ich …
ich zünde sie einfach an.
Und dann …
Bläst das Feuerzeug aus.
Und dann renne ich. So schnell ich kann!
Und sie rufen mir nach.
MongoLars!?
Wo sind die Scheißraketen,
MongoLars?!
Und ich hasse diesen Namen. Hasse ihn mehr als alles andere.
Und als ich an ihnen vorbei renne, ist es, als ob ich ein Ti-

cken in meinem Kopf höre.
Taktschläge.
Drei.
Zwei.
Eins.
Genug.
Dann gibt's die ersten Knalle.
Und die Idioten fangen an zu rennen. Mir nach.
Während hinter uns die Welt in Flammen aufgeht. In allen Farben dieser Welt.
Und die Leute haben das gesehen, natürlich, ist ja nicht zu vermeiden.
Eine ganze Menge Leute kommt zusammen und sieht zu.
Und sie …
sie stehen da und klatschen, schreien, applaudieren, dass das Haus brennt.
Weil …
weil es so schön ist. Mit all den Farben.
Und ein paar von ihnen filmen.
Eine davon ist verdammt nochmal Sara.
Die ein neues Video kriegt.
Während die Idioten Erstattung zahlen müssen.
Aber ich nicht.
Natürlich.
Weil mich ja niemand versteht.
Und dann stehen sie so
lange
und sehen zu, wie das Haus runterbrennt.
Es ist komisch …
Die Welt steht in Flammen.
Und alle Idioten der Welt applaudieren.
Und ich denke so …
Vielleicht ist das am besten?
Am besten, es einfach brennen zu lassen?

Kurze Stille.
Und als ich zuletzt nachgesehen habe,
hatte Saras neues Video zwei
Millionen
Views.
Lars lächelt.

Drei: Das Jetzt

In einem Zug. Das Geräusch von Schienen: Klakk-Klakk. Sandra sitzt auf einem Sitz und schläft, sie trägt eine Sonnenbrille.
Elina kommt den Mittelgang entlang, mit einem Pappbecher in der Hand und einer Tasche über der Schulter.
Als Elina sich neben Sandra setzen will, verschüttet sie ungeschickt etwas aus dem Becher auf Sandras Oberschenkel.
Sandra erwacht mit einem kleinen Schrei. Nimmt die Sonnenbrille ab.

SANDRA
Au!

ELINA
Oh, mein Gott, entschuldige, entschuldige, entschuldige.
Alles in Ordnung?

SANDRA
Nein!
Das war wahnsinnig heiß.

ELINA
Entsch-

SANDRA
Pst!
Sandra macht die Augen zu und zählt innerlich langsam auf Null herunter.
Sie beruhigt sich.

ELINA
Entschuldige, das war keine Abs-

Hallo …
bist du nicht …?

SANDRA
Bin ich.

ELINA
Du *bist* es! Du *bist* es wirklich.
Das ist total verrückt!
Ich habe alle Folgen gesehen, und ich habe dich angefeuert, und in der letzten Folge –
Oh
mein
Gott, war das spannend.

SANDRA
Danke.

ELINA
Weißt du … Ich hätte mich auch für das Geld entschieden.
Statt für ihn.
Er wirkt ja sympathisch, aber …
100.000 Euro. Das ist viel Geld, vor allem, wenn man so jung ist wie du und –

SANDRA
Du … ich wollte eigentlich ein bisschen schlafen, bevor ich ankomme, da ist wohl eine Feier oder so etwas geplant, deswegen …

ELINA
Jajaja. Natürlich! Ich sitze hier und bla bla bla bla! Entschuldige.
Schlaf ruhig!

Sandra macht die Augen zu.
Elina greift nach ihrer Tasche, und wir entdecken, dass ein winzig kleiner Chihuahua seinen Kopf aus der Tasche streckt. Oder wir sehen nur, dass sie mit dem Hund in der Tasche spricht.

ELINA
Flüstert mit etwas gekünstelter, süßlicher Stimme.
Sieh doch mal, Coco. Sieh, wer hier ist. Ja, sieh mal an. Oh, so toll. Oh, so toll. Willst du mal sehen?

Elina hält die Tasche mit dem Hund direkt vor Sandras Gesicht.
Sie öffnet das eine Auge nur einen Spalt und entdeckt den Hund direkt vor ihr.

SANDRA
Was machst du?

ELINA
Oi. Haben wir dich aufgeweckt?
Schlaf ruhig, wir werden ganz ruhig sein.

SANDRA
Wir?

ELINA
Ich und Coco.
Willst du Hallo sagen?

SANDRA
Nein.
Warum trägst du einen Hund in deiner Tasche herum?

ELINA
Wir fahren zum Arzt.
Coco geht es nicht so gut …
Zu Coco mit gekünstelter Stimme.
Nein, nicht so gut. Nein, nicht so gut.

SANDRA
Oh …?
Was …?

ELINA
Hundekrebs.

SANDRA
Krebs?

ELINA
Wir sagen lieber Hundekrebs.
Das hört sich irgendwie
netter an.

SANDRA
Okay …
Und, wird
Coco gesund, oder …?

ELINA
Mit gekünstelter Stimme zu Coco.
Ja, das wird sie. Fit wie ein Turnschuh wird sie.
Dann wird sie plötzlich ernst und schüttelt den Kopf zu Sandra hin, so dass Coco es nicht sieht.

SANDRA
Oh. Wie traurig …

ELINA
Sie könnte vielleicht gesund werden, aber …
Wir können uns eine neue Runde mit Behandlungen nicht leisten.
Mama hat mir geholfen, aber
eine Runde kostet eben fünftausend, und …

SANDRA
Was?
Fünftausend für den da?

ELINA
Für Coco.

SANDRA
Wow.
Hoher Kilopreis für einen so kleinen Hund, oder?

ELINA
Auf die Liebe kann man eben kein Preisschild setzen.

SANDRA
Nicht?

ELINA
Nein.
Kurze Stille.
Willst du ihr nicht mal Hallo sagen?
Bitte, das würde so viel bedeuten.

SANDRA
Okay.

ELINA
Hält die Tasche zu Sandra hoch.
Coco … Das ist Sandra.
Sie wartet darauf, dass Sandra etwas sagt.

SANDRA
Hallo Coco.
Du …
du wirkst wie ein angenehmer Hund.
Und …
Und du solltest froh sein.
Weil du jemanden hast, der dich wirklich liebt.

ELINA
Sandra ist eine echte Berühmtheit, Coco.
Und Mama hat es geschafft, Tee auf ihrer Hose zu verschütten.
Zu Sandra.
Es tut mir so leid, dass –

SANDRA
Schon okay.
Stille.
Elina trinkt etwas Tee.
Ist das Yogi-Tee?

ELINA
M-mh.
Happy soul heißt die Sorte.

SANDRA
Happy soul, aha …
Willst du etwas Lustiges hören?
Ich habe einen Stalker.

ELINA
Echt?

SANDRA
Er schickt mir ständig Videos von sich selbst.
Will, dass wir zusammen ins Kino gehen und so.

ELINA
Wie creepy.

SANDRA
Ach … Eigentlich ist er ganz süß.
Weißt du, was er gemacht hat?

ELINA
Nein.

SANDRA
Er hat ein Foto gefunden, das ich gepostet hatte. Eins vom Wartezimmer bei meinem Psychologen.
Es war ein Foto von so einem Teebeutel. Du weißt schon, die haben alle eine Art Hippie-Sprichwort auf dem kleinen Papieranhänger am Teebeutel.

ELINA
Sieht auf ihren Papieranhänger. Liest.
You will always live happy, if you live with your heart.

SANDRA
Genau so etwas. Und ich sitze da,
bei meinem Psychologen,
und lese auf diesem Anhänger:
Just choose happiness.
Und ich denke
nein …
nein, so geht das nicht.
Dann werde ich wütend. Weil, für Wut kann man sich entscheiden, stimmt's. Dann poste ich ein Foto von diesem Anhänger und schreibe … Ja, weiß ich nicht mehr, aber auf jeden Fall, dass es Bullshit ist. Dass alles zusammen Bullshit ist, und dass die Welt nicht so einfach ist.
Dass die Welt komplizierter ist als ein Scheißsprichwort auf einem Papieranhänger an einem Teebeutel.
Und was, glaubst du, passiert ein paar Monate später?

ELINA
Weiß nicht.

SANDRA
Er schickt mir ein neues Video.
Sagt, dass er ein Geschenk für mich hat.
Einen Hashtag.

ELINA
Einen Hashtag?

SANDRA
Ja.
#realisticyogitea. Das ist das Geschenk.
Dann sehe ich nach. Und sehe, dass es über hundert Fotos mit diesem Hashtag gibt.

ELINA
Von was?

SANDRA
Fotos von diesen Anhängern.
Aber mit Texten wie …
Sprenge die Glückstyrannei.
Oder …
Die Dinge werden nicht besser, wenn du nicht dafür kämpfst.
Oder …
Dein Leben ist keine scheißromantische Komödie.
Und so weiter.

ELINA
Echt?

SANDRA
Es stellt sich heraus, dass er sie gehackt hat. Die, die den Tee herstellen.
Ist wohl ein kleiner Computerfreak.
All das, damit ich mich besser fühle.
Und plötzlich habe ich gemerkt …
Dass es mir gut geht. Zum ersten Mal, seit ich denken kann
war ich glücklich.
Aufrichtig glücklich.

Stille.

ELINA
Gehst du zum Psychologen?

SANDRA
Ich muss meine eigene Coco sein.
Ein flauschiger Pelzball, der mich froh macht.
Ich bin bloß nicht so gut darin.

ELINA
Willst du sie halten?
Sandra nickt.
Elina gibt ihr die Tasche mit Coco.
Du wirkst so anders als im Fernsehen.

SANDRA
Es war eine Realityserie.
Reality.
Nichts war echt.
Es ist reine Fiktion.

ELINA
Aber der Preis? Das Geld …?

SANDRA
Schüttelt den Kopf.
Alles nur Fiktion.
Wenn du es dir anschaust, verdienen sie Geld.
Dann machen sie eine neue Serie.
That's it.
So einfach ist das.

ELINA
Hashtag realisticyogitea?

Sandra nickt.
Elina sieht auf den Papieranhänger an ihrem Teebeutel, reißt ihn ab und wirft ihn weg.
Elina will einen Schluck aus ihrem Becher trinken.
Genau in diesem Moment bremst der Zug mit einem lauten Kreischen.
Im Chaos schwappt Elinas Tee unglücklicherweise in Sandras Gesicht.
Sandra fasst sich ins Gesicht und schreit.

Zwei: Das Davor

Thomas sitzt in der Schultoilette auf dem Boden.
Er hat nasse Haare, ist nass im Gesicht und am Oberkörper.
Elisabeth kommt herein.

THOMAS
Du bist zu spät.
Der Spaß ist vorbei.

ELISABETH
Die Toilette?

THOMAS
Nickt.
Spuckt.
Es schmeckt so, wie es riecht.

ELISABETH
Scheiße?

THOMAS
Kurz gesagt, ja.

ELISABETH
Nähert sich Thomas.
Thomas zuckt nervös zurück.
Sie holt etwas Papier und reicht es Thomas.
Hier.

THOMAS
Nimmt das Papier und wischt sich trocken.
Was willst du?

ELISABETH
Ich will mich bedanken.

THOMAS
Wofür?

ELISABETH
Dafür, dass du meinem Bruder neulich geholfen hast.

THOMAS
Deinem Bruder?

ELISABETH
Ja …
Er kam nach Hause und hat erzählt, dass …
dass ein paar von den anderen ihn in einen Schrank gesperrt haben.
Aber du hast ihm geholfen.

THOMAS
MongoLars ist dein Bruder?

ELISABETH
Hallo!
Nenn ihn nicht so, okay?

THOMAS
Sorry …
Ich wusste gar nicht …

ELISABETH
Die Leute denken, er ist bescheuert,
bloß, weil er nicht sprechen kann.
Aber er kann verdammt nochmal schreiben.

Und das hat er geschrieben, als er nach Hause kam,
dass du ihm geholfen hast.
Stimmt das?

THOMAS
Er war zu Tode erschrocken.
Ich habe nur
gehandelt.

ELISABETH
Jetzt reicht es.
Er sagte, das hättest du gerufen.
Dass es jetzt reicht.

THOMAS
Ja.
Ja, das kann schon sein.

ELISABETH
Auf jeden Fall …
Danke.
Will gehen. Hält inne, als Thomas spricht.

THOMAS
Das bedeutet nichts.

ELISABETH
Für ihn bedeutet es viel.

THOMAS
Nein, nicht das.
Dass du dich bedankst.
Das bedeutet nichts.

ELISABETH
Aha?

THOMAS
Lass mich in Frieden.
Das bedeutet etwas.
Hör auf mich zu plagen.

ELISABETH
Das kann ich nicht.

THOMAS
Warum nicht?

ELISABETH
So lange auf dir rumgehackt wird,
vergessen sie meinen Bruder.
Und ich liebe meinen Bruder.
Es tut mir leid …

THOMAS
Es muss nicht so sein.

ELISABETH
Nein …
Aber so ist es.
Danke.
Elisabeth geht.

Eins: Das Danach

Sandra im Krankenhaus, ihr ganzes Gesicht steckt unter einem Verband.
Über dem Verband trägt sie ihre Sonnenbrille.
Falls sie zu einem Zeitpunkt die Sonnenbrille abnimmt, hat sie vielleicht auch einen Verband über dem Auge.
Der Stalker hinter ihr. Er trägt ein Palästinensertuch.

DER STALKER
Hallo.
Sandra schreckt zusammen.
Nein, nein, nein, hab keine Angst.
Bitte.
Ich will nur reden.
Versprochen.
Und dann werde ich gehen.
Dann werde ich dich nie mehr plagen, versprochen. Keine Videos mehr, keine Nachrichten, keine Mails, nichts mehr.
Okay?
Stille.
Der Stalker streckt eine Hand in Richtung ihres Gesichts aus.
Hält inne.
Tut es weh?
Sandra nickt.
Es war ein Kuh, weißt du.
Deswegen hat der Zug …
Es stand in der Zeitung.
Keine verdammte Ahnung, was sie da gemacht hat … Auf den Gleisen …
Geschlafen vielleicht …? Ich weiß es nicht.
Jetzt grast sie auf jeden Fall in den ewigen Jagdgründen,

das ist sicher.
Sandra fängt an zu lachen, hört aber auf, weil ihr die Verletzung Schmerzen bereitet.
Vorsichtig.
Stille.
Ähm …
Ich …
Ich bin eigentlich gekommen, um …
mich zu entschuldigen.
Um mich für …
eigentlich für alles
zu entschuldigen.
Ich wollte dir keine …
keine Angst machen, oder dir das Leben schwer machen, oder …
mit den Videos und so.
Ich war …
Ich war einfach … verliebt.
Bin verliebt.
Aber jetzt ist Schluss.
Du brauchst mich nie wieder zu sehen.
Versprochen.
Stille.
Ja …
Das war eigentlich alles.
Entschuldige.
Und … Tschüss.
Der Stalker beginnt zu gehen.
Hält inne.
Ja, stimmt,
das hätte ich fast vergessen …
Ich habe ein
ein Geschenk für dich.
Gibt ihr das Geschenk.

Es ist nur eine Kleinigkeit.
Etwas Dummes.
Nur …
Ja.
Sandra packt das Geschenk aus.
Sie hält es hoch.
Es ist ein Teebeutel. Yogi-Tee.
Keiner von meinen!
Lacht kurz.
Ein richtiger.
Da steht:
Real beauty comes from within
steht da.

Du ahnst ja nicht, wie viele Packungen Tee ich gekauft habe, bis ich genau den gefunden habe.
Blöd, ich weiß, aber …
Ist trotzdem wahr.
Stille.
Ja …
Ja, das war's dann …
Tschüss.

Der Stalker will gehen,
aber bevor er dazu kommt, nimmt Sandra seine Hand.
Holt ihn zu sich nach unten.
Sie hält seine Hand fest, ohne ihn anzusehen.
Er sieht auf seine Hand hinunter.
Dann sehen beide geradeaus.
Sie sitzen ruhig nebeneinander,
als ob das Gute bei einer abrupten Bewegung zerbrechen würde.

Plötzlich breitet sich ein Licht am Himmel aus.
Helle Feuerwerksblumen verbreiten sich wunderschön
und verschwinden mit einem Knall.

Null: Das Dauernde

ALLE
Und die Welt wird in Milliarden von kleinen Atomen zersprengt, die aneinander stoßen.
Und wir werden zersprengt.
Weil wir die Welt sind.
Und wenn die Atome sich wieder beruhigen und ihren Platz finden,
sieht die Welt vielleicht völlig gleich aus.
Aber wenn wir genau hinsehen,
sehen wir, dass uns eine völlig neue Welt umgibt.
Und die Welt sind wir.

Jeder ahmt gemeinsam mit den anderen ein kleines Explosionsgeräusch nach.
Langsam, aber sicher.
Beim letzten Ton erlischt das Licht.

KRISTOFER GRØNSKAG

1984 geboren, lebt als freier Autor und Dozent in Norwegen. An der Universität Trondheim absolvierte er den Master-Studiengang »Drama and Theatre«. Er schreibt Stücke – sowohl für Kinder, als auch Jugendliche und Erwachsene –, die in mehrere Sprachen übersetzt sind. Von 2013 bis 2015 war er »author in residence« am Norwegischen Zentrum für Neues Theaterschreiben in Oslo. Für seine Theaterstücke erhielt Kristofer Grønskag zahlreiche Preise und Nominierungen. Unter anderem erhielt er 2012 den Amsterdam Fringe Bronze Award für *Den elskede*, und 2014 wurde *Demokratikk* sowohl für den regionalen als auch nationalen Preis für das beste Schulstück für Jugendliche nominiert. 2018 erhielt er den Jugendtheaterpreis Baden-Württemberg für sein Stück *Satelliten am Nachthimmel.* 2018 war er mit *Runter auf Null* (*Å telle til Null*) des Weiteren für den National Ibsen Award nominiert.

NELLY WINTERHALDER

1979 in Südbaden geboren, ist Dramatikerin, Regisseurin und Übersetzerin. An der Kunsthochschule in Oslo studierte sie Szenisches Schreiben, außerdem hat sie ein Magisterstudium der italienischen Literatur sowie eine Schauspielausbildung in München abgeschlossen.

Seit 2006 lebt Nelly Winterhalder vorwiegend in Norwegen, sie arbeitet als Dramatikerin und Regisseurin in unterschiedlichen Konstellationen und mehreren Sprachen. 2019 gründete sie das Live-Art-Kollektiv »Ann Sam Bell«. Ihre Arbeit als Dramatikerin und Übersetzerin wurde mehrfach ausgezeichnet, ihre Stücke wurden bisher in Norwegen, der Schweiz, Österreich, Italien und Nicaragua gezeigt.

MAX JULIAN OTTO
geboren 1972 in München, ist ein international tätiger Zeichner mit einer Vergangenheit als Bühnenbildner. Seit 1999 sind Storyboards für Arthouse-Kinofilme und Serien, Illustrationen für Bücher, Theater und Museen sowie mehrere Bildergeschichten entstanden.